广西农作物种质资源

丛书主编　邓国富

食用豆类作物卷

罗高玲　李经成　陈燕华 等　著

科学出版社

北京

内 容 简 介

依托农业农村部"第三次全国农作物种质资源普查与收集行动"、广西创新驱动发展专项"广西农作物种质资源收集鉴定与保存"、国家食用豆产业技术体系南宁综合试验站项目,对广西的食用豆类种质资源进行了全面、系统的调查、收集和鉴定评价。在此基础上,本书系统介绍了筛选出的绿豆、饭豆、豇豆、小豆、藕豆、利马豆、蚕豆、豌豆、黎豆、刀豆共291份优异种质资源,包括采集地、类型及分布、主要特征特性、利用价值,并配图展示了相关农艺性状。

本书主要面向从事食用豆类种质资源保护、研究和利用的科技工作者,大专院校师生,农业管理部门工作者,食用豆类种植及加工人员,旨在提供广西食用豆类种质资源的有关信息,促进食用豆类种质资源的有效保护和可持续利用。

图书在版编目(CIP)数据

广西农作物种质资源. 食用豆类作物卷 / 罗高玲等著. —北京:科学出版社,2020.6
　ISBN 978-7-03-064974-4

Ⅰ. ①广… Ⅱ. ①罗… Ⅲ. ①豆类作物 - 种质资源 - 广西 Ⅳ. ① S32

中国版本图书馆 CIP 数据核字(2020)第072455号

责任编辑:陈　新　赵小林 / 责任校对:郑金红
责任印制:肖　兴 / 封面设计:金舵手世纪

科 学 出 版 社 出版
北京东黄城根北街16号
邮政编码:100717
http://www.sciencep.com

北京九天鸿程印刷有限责任公司 印刷
科学出版社发行　各地新华书店经销

＊

2020 年 6 月第 一 版　开本:787×1092　1/16
2020 年 6 月第一次印刷　印张:19 1/2
字数:462 000

定价:298.00 元
(如有印装质量问题,我社负责调换)

"广西农作物种质资源"丛书编委会

主　编
邓国富

副主编
李丹婷　刘开强　车江旅

编　委
（以姓氏笔画为序）

卜朝阳	韦　弟	韦绍龙	韦荣福	车江旅	邓　彪
邓杰玲	邓国富	邓铁军	甘桂云	叶建强	史卫东
尧金燕	刘开强	刘文君	刘业强	闫海霞	江禹奉
祁亮亮	严华兵	李丹婷	李冬波	李秀玲	李经成
李春牛	李博胤	杨翠芳	吴小建	吴建明	何芳练
张　力	张自斌	张宗琼	张保青	陈天渊	陈文杰
陈东奎	陈怀珠	陈振东	陈雪凤	陈燕华	罗高玲
罗瑞鸿	周　珊	周生茂	周灵芝	郎　宁	赵　坤
钟瑞春	段维兴	贺梁琼	夏秀忠	徐志健	唐荣华
黄　羽	黄咏梅	曹　升	望飞勇	梁　江	梁云涛
彭宏祥	董伟清	韩柱强	覃兰秋	覃初贤	覃欣广
程伟东	曾　宇	曾艳华	曾维英	谢和霞	廖惠红
樊吴静	黎　炎				

审　校
邓国富　李丹婷　刘开强

本书著者名单

主要著者

罗高玲　李经成　陈燕华

其他著者

蔡庆生　周作高　陈　梅　江洪平　李荣丹

黄治焕　程　越　唐建淮　陈季红　李裕健

温　柱　林元夫　黄　文　蒋士宋　陈忠林

农作物种质资源是农业科技原始创新、现代种业发展的物质基础,是保障粮食安全、建设生态文明、支撑农业可持续发展的战略性资源。近年来,随着自然环境、种植业结构和土地经营方式等的变化,大量地方品种迅速消失,作物野生近缘植物资源急剧减少。因此,农业部(现称农业农村部)于2015年启动了"第三次全国农作物种质资源普查与收集行动",以查清我国农作物种质资源本底,并开展种质资源的抢救性收集。

广西壮族自治区(后简称广西)是首批启动"第三次全国农作物种质资源普查与收集行动"的省(区、市)之一,完成了75个县(市)农作物种质资源的全面普查,以及22个县(市、区)农作物种质资源的系统调查和抢救性收集,基本查清了广西农作物种质资源的基本情况,结合广西创新驱动发展专项"广西农作物种质资源收集鉴定与保存",收集各类农作物种质资源2万余份,开展了系统的鉴定评价,筛选出一批优异的农作物种质资源,进一步丰富了我国农作物种质资源的战略储备。

在此基础上,广西农业科学院系统梳理和总结了广西农作物种质资源工作,组织全院科技人员编撰了"广西农作物种质资源"丛书。丛书详细介绍了广西农作物种质资源的基本情况、优异资源及创新利用等情况,是广西开展"第三次全国农作物种质资源普查与收集行动"和实施广西创新驱动发展专项"广西农作物种质资源收集鉴定与保存"的重要成果,对于更好地保护与利用广西的农作物种质资源具有重要意义。

值此丛书脱稿之际,作此序,表示祝贺,希望广西进一步加强农作物种质资源保护,深入推动种质资源共享利用,为广西现代种业发展和乡村振兴做出更大的贡献。

中国工程院院士 刘旭

2019 年 9 月

广西地处我国南疆，属亚热带季风气候区，雨水丰沛，光照充足，自然条件优越，生物多样性水平居全国前列，其生物资源具有数量多、分布广、特异性突出等特点，是水稻、玉米、甘蔗、大豆、热带果树、蔬菜、食用菌、花卉等种质资源的重要分布地和区域多样性中心。

为全面、系统地保护优异的农作物种质资源，广西积极开展农作物种质资源普查与收集工作。在国家有关部门的统筹安排下，广西先后于 1955～1958 年、1983～1985 年、2015～2019 年开展了第一次、第二次、第三次全国农作物种质资源普查与收集行动，还于 1978～1980 年、1991～1995 年、2008～2010 年分别开展了广西野生稻、桂西山区、沿海地区等单一作物或区域性的农作物种质资源考察与收集行动。

广西农业科学院是广西农作物种质资源收集、保护与创新利用工作的牵头单位，种质资源收集与保存工作成效显著，为国家农作物种质资源的保护和创新利用做出了重要贡献。经过一代又一代种质资源科技工作者的不懈努力，全院目前拥有野生稻、花生等国家种质资源圃 2 个，甘蔗、龙眼、荔枝、淮山、火龙果、番石榴、杨桃等省部级种质资源圃 7 个，保存农作物种质资源及相关材料 8 万余份，其中野生稻种质资源约占全国保存总量的 1/2、栽培稻种质资源约占全国保存总量的 1/6、甘蔗种质资源约占全国保存总量的 1/2、糯玉米种质资源约占全国保存总量的 1/3。通过创新利用这些珍贵的种质资源，广西农业科学院创制了一批在科研、生产上发挥了巨大作用的新材料、新品种，例如：利用广西农家品种"矮仔占"培育了第一个以杂交育种方法育成的矮秆水稻品种，引发了水稻的第一次绿色革命——矮秆育种；广西选育的桂 99 是我国第一个利用广西田东普通野生稻育成的恢复系，是国内应用面积最大的水稻恢复系之一；创制了广西首个被农业部列为玉米生产主导品种的桂单 0810、广西第一个通过国家审定的糯玉米品种——桂糯 518，桂糯 518 现已成为广西乃至我国糯玉米育种史上的标志性品种；利用收集引进的资源还创制了我国种植比例和累计推广面积最大的自育甘蔗品种——桂糖 11 号、桂糖 42 号（当前种植面积最大）；培育了一大批深受市场欢迎的水果、蔬菜特色品种，从钦州荔枝实生资源中选育出了我国第一个国审荔枝新品种——贵妃红，利用梧州青皮冬瓜、北海粉皮冬瓜等育成了"桂蔬"系列黑皮冬瓜（在华南地区市场占有率达 60% 以上）。1981 年建成的广西农业科学院种质资源库是我国第一座现代化农作物种质资源库，是广西乃至我国农作物种质资源保护和创新利用的重要平台。这些珍贵的种质资源和重要的种质创新平台为推动我国种质创新、提高生物育种效率发挥了重要作用。

广西是 2015 年首批启动"第三次全国农作物种质资源普查与收集行动"的 4 个省（区、市）之一，圆满完成了 75 个县（市）主要农作物种质资源的普查征集，全面完成了 22 个县（市、区）农作物种质资源的系统调查和抢救性收集。在此基础上，广西壮族自治区人民政府于 2017 年启动广西创新驱动发展专项"广西农作物种质资源收集鉴定与保存"（桂科 AA17204045），首次实现广西农作物种质资源收集区域、收集种类和生态类型的 3 个全覆盖，是广西目前最全面、最系统、最深入的农作物种质资源收集与保护行动。通过普查行动和专项的实施，广西农业科学院收集水稻、玉米、甘蔗、大豆、果树、蔬菜、食用菌、花卉等涵盖 22 科 51 属 80 种的种质资源 2 万余份，发现了 1 个兰花新种和 3 个兰花新记录种，明确了贵州地宝兰、华东葡萄、灌阳野生大豆、弄岗野生龙眼等新的分布区，这些资源对研究物种起源与进化具有重要意义，为种质资源的挖掘利用和新材料、新品种的精准创制奠定了坚实的基础。

为系统梳理"第三次全国农作物种质资源普查与收集行动"和"广西农作物种质资源收集鉴定与保存"的项目成果，全面总结广西农作物种质资源收集、鉴定和评价工作，为种质资源创新和农作物育种工作者提供翔实的优异农作物种质资源基础信息，推动农作物种质资源的收集保护和共享利用，广西农业科学院组织全院 20 个专业研究所 200 余名专家编写了"广西农作物种质资源"丛书。丛书全套共 12 卷，分别是《水稻卷》《玉米卷》《甘蔗卷》《果树卷》《蔬菜卷》《花生卷》《大豆卷》《薯类作物卷》《杂粮卷》《食用豆类作物卷》《花卉卷》《食用菌卷》。丛书系统总结了广西农业科学院在农作物种质资源收集、保存、鉴定和评价等方面的工作，分别概述了水稻、玉米、甘蔗等广西主要农作物种质资源的分布、类型、特色、演变规律等，图文并茂地展示了主要农作物种质资源，并详细描述了它们的采集地、主要特征特性、优异性状及利用价值，是一套综合性的种质资源图书。

在种质资源收集、鉴定、入库和丛书编撰过程中，农业农村部特别是中国农业科学院等单位领导和专家给予了大力支持和指导。丛书出版得到了"第三次全国农作物种质资源普查与收集行动"和"广西农作物种质资源收集鉴定与保存"的经费支持。中国工程院院士、著名植物种质资源学家刘旭先生还专门为丛书作序。在此，一并致以诚挚的谢意。

广西农业科学院院长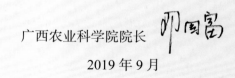

2019 年 9 月

Contents   目   录

第一章
广西食用豆类种质资源概况

食用豆类是指除大豆和花生以外，以收获干籽粒为主，兼作蔬菜，供人类食用的各种豆类作物的总称。目前，我国栽培食用豆主要有豇豆属（*Vigna*）、菜豆属（*Phaseolus*）、蚕豆属（*Vicia*）、豌豆属（*Pisum*）等 15 属 26 种，按面积分布，常见的食用豆种类有蚕豆、豌豆、菜豆、绿豆、小豆、豇豆、藊豆、饭豆、鹰嘴豆、小扁豆等。食用豆富含蛋白质、淀粉和多种维生素等，是改善贫困地区营养匮乏的重要粮食作物，对调节人们的膳食结构也具有重要作用。

广西属亚热带季风气候区，地处云贵高原东南边缘，气候温暖，光热充足，雨量充沛，冬季短夏季长，无霜期长。广西的独特气候和地理优势非常适宜各种食用豆的生长，因此其蕴含着非常丰富的食用豆类种质资源。广西食用豆常年播种面积约 65 000hm²，总产 85 000t，其中以绿豆、豌豆、饭豆和豇豆的种植面积较大（甘海燕等，2015）。

第一节　广西食用豆类种质资源调查与收集

20 世纪 80 年代以来，广西农业科学院水稻研究所（广西农业科学院作物品种资源研究所）食用豆研究团队一直致力于食用豆类种质资源调查与收集工作。80 年代，首次开展了覆盖全区的食用豆类种质资源征集工作，重点集中在高寒山区乐业县、南丹县、金秀瑶族自治县，桂北的灵川县，以及桂南的邕宁县、江南区等 72 个县（区），共征集资源 720 份（林妙正，1987）。90 年代，在"八五"国家重点科技攻关项目"黔南桂西山区作物种质资源考察"项目支持下，对桂西山区的防城区、上思县、宁明县、龙州县、上林县、隆安县、隆林各族自治县、靖西县、那坡县、乐业县、凤山县、天峨县等 12 个县（区）进行了综合考察，共收集包括绿豆、豇豆、饭豆等 12 个豆种 275 份种质资源（覃初贤，1996）。自 2011 年以来，在国家食用豆产业技术体系支持下，南宁综合试验站团队已经对融水苗族自治县、富川瑶族自治县、合浦县、天等县、大新县等地进行了食用豆类种质资源调查与收集，累计收集资源 160 多份。

2015～2018 年，广西相继实施了农业部项目"第三次全国农作物种质资源普查与收集行动"和广西创新驱动发展专项"广西农作物种质资源收集鉴定与保存"，中国农业科学院、广西农业科学院等有关专家组成广西农作物种质资源调查与收集工作队，工作队下设小组，统一标准、规范，每个县（市、区）选取 3 个代表乡（镇），每个乡（镇）再选取 3～5 个代表村进行全面系统的调查。食用豆类调查小组已完成对广西 14 个地级市 70 个县（市、区）的食用豆类种质资源调查与收集工作，共收集食用豆类资源 471 份，并搜集记录了每份资源相关地理信息、种植历史及利用现状。

第二节　广西食用豆类种质资源类型与分布

广西食用豆种类十分丰富，包括了食用豆分类中的9属16种，主要有绿豆、豇豆、饭豆、小豆、藕豆、利马豆、普通菜豆、多花菜豆、蚕豆、豌豆、黎豆、木豆、刀豆、直立刀豆、四棱豆、黑吉豆，在广西由北到南，从东到西均有分布。自开展"第三次全国农作物种质资源普查与收集行动"和"广西农作物种质资源收集鉴定与保存"以来，共收集食用豆类资源471份，来自8属13种，豇豆属的绿豆60份、饭豆104份、豇豆148份、小豆15份，藕豆属（Lablab）藕豆46份，菜豆属普通菜豆5份、多花菜豆8份、利马豆9份，蚕豆属蚕豆6份，豌豆属豌豆16份，黎豆属（Mucuna）黎豆32份，刀豆属（Canavalia）刀豆15份、直立刀豆4份，木豆属（Cajanus）木豆3份。其中，以绿豆、饭豆、豇豆的种质资源数量较多，分布也最为广泛（表1-1）。

表 1-1　项目收集各种食用豆在广西各地级市的分布情况

地级市	绿豆	饭豆	豇豆	小豆	藕豆	利马豆	菜豆	蚕豆	豌豆	黎豆	刀豆	木豆	合计
北海市	1	0	3	0	0	0	0	0	0	1	1	0	6
百色市	2	27	42	7	12	1	7	2	7	2	0	0	109
崇左市	15	8	7	0	0	0	0	0	0	5	0	0	35
防城港市	0	4	3	0	0	0	0	0	0	3	0	1	11
贵港市	2	1	3	0	2	0	0	0	0	0	0	0	8
桂林市	8	13	20	6	20	3	5	2	3	3	10	0	93
河池市	8	20	28	0	3	0	0	0	0	4	0	0	64
贺州市	10	2	8	0	4	2	0	1	0	4	2	0	34
来宾市	1	4	4	0	1	1	0	1	0	2	2	2	18
柳州市	1	11	3	0	3	0	0	0	0	2	3	0	23
南宁市	2	3	12	1	0	1	0	0	0	0	1	0	20
钦州市	5	5	5	0	0	0	0	0	0	2	0	0	17
梧州市	1	6	3	1	1	1	0	0	0	2	2	0	17
玉林市	4	0	7	0	0	0	0	0	0	3	2	0	16
合计	60	104	148	15	46	9	13	6	16	32	19	3	471

从水平分布来看，本次收集的食用豆类种质资源分布于14个地级市70个县（市、区）161个乡（镇）的228个村。调查重点县（市、区）主要集中在桂西的百色市、河

池市、崇左市及桂北的桂林市、柳州市、贺州市等地，共调查县（市、区）45个，占64.29%；收集资源358份，占76.00%。百色市的9个县（市、区）收集资源109份，占23.14%；桂林市的11个县（市、区）收集资源93份，占19.74%；河池市的10个县（区）收集资源64份，占13.59%；崇左市的5个县（市、区）收集资源35份，占7.43%；贺州市的4个县（区）收集资源34份，占7.22%；柳州市的6个县（区）收集资源23份，占4.88%。其他市的资源收集情况具体见表1-2。

表1-2　项目收集食用豆类种质资源在广西的分布情况

序号	地级市	县（市、区）数	乡（镇）数	村数	资源份数	比例/%
1	北海市	1	3	4	6	1.27
2	百色市	9	26	45	109	23.14
3	崇左市	5	10	16	35	7.43
4	防城港市	1	3	4	11	2.34
5	贵港市	2	5	5	8	1.70
6	桂林市	11	32	53	93	19.74
7	河池市	10	20	29	64	13.59
8	贺州市	4	8	12	34	7.22
9	来宾市	5	12	12	18	3.82
10	柳州市	6	10	12	23	4.88
11	南宁市	5	13	14	20	4.25
12	钦州市	4	7	7	17	3.61
13	梧州市	3	6	8	17	3.61
14	玉林市	4	6	7	16	3.40
合计		70	161	228	471	100

从垂直分布来看，本次收集的食用豆类种质资源分布区域从海拔30m的平南县上渡街道河口村到海拔1504m的隆林各族自治县德峨镇金平村烂滩屯，海拔跨度1474m。食用豆类种质资源主要集中分布在海拔30～200m和200～400m的区域，分别占收集总数的24.95%、35.27%（图1-1）。不同豆类垂直分布情况：绿豆分布在32～895m，饭豆分布在30～1479m，豇豆分布在32～1496m，小豆分布在79～908m，藕豆分布在52～1106m，利马豆分布在85.3～1132m，菜豆分布在290～1504m，蚕豆分布在115～912m，豌豆分布在110～1349m，黎豆分布在56～660m，刀豆分布在102～674m。饭豆、豇豆垂直分布的区域最为广泛，从30m低海拔到将近1500m高海拔地区均有分布；菜豆则主要分布在海拔1000m以上的地区，而黎豆、刀豆等热季豆类主要分布在海拔700m以下的地区。

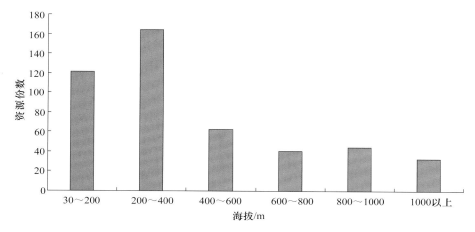

图 1-1　广西食用豆类种质资源不同海拔区域分布图

第三节　广西食用豆类种质资源鉴定与评价

　　根据采集资源的详细信息，对不同资源进行初步分类与分析，并在南宁市西乡塘区广西农业科学院科研基地、武鸣区广西农业科学院里建科研基地，分春播、夏播，参照相关的豆类种质资源描述规范和数据标准，于 2016～2018 年完成了每份资源连续两年的田间鉴定工作，分别调查记录出苗期、开花期、成熟期等主要生育时期，株高、主茎节数、主茎分枝数、单株荚数、荚长、荚形、荚色、单荚粒数等主要农艺性状，粒形、粒色、百粒重等主要种子特征（王佩芝等，2005；宗绪晓等，2005，2006；程须珍等，2006a，2006b，2006c；王述民等，2006）。根据田间综合表现和考种鉴定，筛选出直立的饭豆、豇豆、刀豆，长荚多粒、野生多荚的绿豆，抗豆象的饭豆，优质高产的黑豇豆等一批优异食用豆类种质资源。

　　结合本研究团队多年来收集与鉴定评价的结果，从所收集种质资源中筛选出优异食用豆类种质资源 291 份，其中绿豆 40 份、饭豆 75 份、豇豆 57 份、小豆 10 份、稿豆 32 份、利马豆 9 份、蚕豆 15 份、豌豆 16 份、黎豆 23 份、刀豆 14 份。本书按照食用豆分类分章节对这些优异资源逐一介绍。

第二章
广西食用豆类种质资源介绍

第一节　绿豆种质资源

　　绿豆（*Vigna radiata*）属于豆科（Leguminosae）蝶形花亚科（Papilionoideae）豇豆属，又名菉豆、植豆等，英文名 mungbean 或 green gram。本次绿豆种质资源调查收集的样本数为 60 份，主要分布于崇左市的凭祥市、大新县，贺州市的富川瑶族自治县，桂林市的资源县、恭城瑶族自治县、灌阳县，河池市的大化瑶族自治县，钦州市的灵山县等地，海拔分布为 32～895m。分别于 2016～2018 年在南宁市广西农业科学院科研基地进行田间鉴定，参照《绿豆种质资源描述规范和数据标准》（程须珍等，2006a）进行评价，主要调查了生育期、株高、主茎节数、主茎分枝数、单株荚数、单荚粒数、荚色、荚长、粒形、粒色、百粒重等农艺性状。根据田间鉴定的特异性、优良性状筛选出优异种质资源。

　　本节介绍 40 份绿豆优异种质资源。在介绍绿豆种质资源的信息中，【主要特征特性】所列农艺性状数据均为 2016～2018 年田间鉴定数据的平均值。

1. 那驮绿豆

【采集地】广西钦州市灵山县太平镇那驮村。

【类型及分布】属于豆科豇豆属绿豆种（*Vigna radiata*），在那驮村及附近村镇零星种植。

【主要特征特性】在南宁种植，生育期 61 天，有限结荚习性，株型紧凑，直立生长，幼茎绿色，主茎绿色，叶柄绿色，叶脉绿色，花黄色，株高 49.8cm，主茎分枝数 2.4 个，主茎节数 9.9 节，单株荚数 23.1 个，荚长 11.5cm，单荚粒数 11.8 粒，成熟荚黑色，籽粒长圆柱形，种皮绿色、有光泽，白脐，百粒重 6.91g，单株产量为 11.6g。

【利用价值】目前直接应用于生产，3 月中下旬至 8 月上旬均可播种，以间作套种为主，由农户自行留种、自产自销，主要用于煮制绿豆糖水或制作粽子、糕点等。

2. 上石绿豆

【采集地】广西崇左市凭祥市上石镇。

【类型及分布】属于豆科豇豆属绿豆种（*Vigna radiata*），在上石镇及附近村镇零星种植。

【主要特征特性】在南宁种植，生育期 59 天，有限结荚习性，株型紧凑，直立生长，幼茎绿色，主茎绿色，叶柄紫色，叶脉紫色，花黄色，株高 71.9cm，主茎分枝数 2.0 个，主茎节数 10.3 节，单株荚数 34.3 个，荚长 11.5cm，单荚粒数 15.9 粒，成熟荚黑色，籽粒长圆柱形，种皮绿色、无光泽，白脐，百粒重 5.24g，单株产量为 16.0g。

【利用价值】目前直接应用于生产，一般 3 月中下旬或 7～8 月播种，5 月下旬或 10 月中下旬收获。以农户自行留种、自产自销为主，主要用于煮制绿豆糖水或制作粽子、糕点等。该品种单荚粒数多，单株产量高，可作为绿豆育种亲本。

3. 梅林绿豆

【采集地】广西百色市田东县作登瑶族乡梅林村。

【类型及分布】属于豆科豇豆属绿豆种（*Vigna radiata*），在梅林村及附近村镇零星种植。

【主要特征特性】在南宁种植，生育期66天，有限结荚习性，株型散开，直立生长，幼茎绿色，主茎绿色，叶柄紫色，叶脉紫色，花黄带紫色，株高83.2cm，主茎分枝数2.7个，主茎节数14.3节，单株荚数42.5个，荚长11.5cm，单荚粒数11.8粒，成熟荚黑色，籽粒长圆柱形，种皮绿色、无光泽，白脐，百粒重3.48g，单株产量为11.5g。

【利用价值】目前直接应用于生产，一般间作套种于玉米等其他作物中，但因茎秆高、分枝较散开，成熟期易倒伏，造成减产。以农户自行留种、自产自销为主，主要用于煮制绿豆糖水或制作粽子、糕点等。该品种单株荚数多，可作为绿豆育种亲本。

4．福厚绿豆

【采集地】广西河池市巴马瑶族自治县西山乡福厚村。

【类型及分布】属于豆科豇豆属绿豆种（*Vigna radiata*），在福厚村及附近村镇零星种植。

【主要特征特性】在南宁种植，生育期59天，有限结荚习性，株型紧凑，直立生长，幼茎绿色，主茎绿色，叶柄绿色，叶脉绿色，花黄带紫色，株高73.1cm，主茎分枝数2.4个，主茎节数11.2节，单株荚数24.6个，荚长11.1cm，单荚粒数12.8粒，成熟荚黑色，籽粒长圆柱形，种皮绿色、有光泽，白脐，百粒重6.68g，单株产量为16.3g。

【利用价值】目前直接应用于生产，以农户自行留种、自产自销为主，主要用于煮制绿豆糖水或制作粽子、糕点等。该品种早熟、籽粒明亮饱满有光泽，单株产量高，可作为绿豆育种亲本。

5. 向阳绿豆

【采集地】广西河池市天峨县向阳镇。

【类型及分布】属于豆科豇豆属绿豆种（*Vigna radiata*），在向阳镇及附近村镇零星种植。

【主要特征特性】在南宁种植，生育期59天，有限结荚习性，株型紧凑，直立生长，幼茎紫色，主茎绿色，叶柄绿色，叶脉绿色，花黄带紫色，株高69.6cm，主茎分枝数1.6个，主茎节数10.7节，单株荚数32.1个，荚长9.2cm，单荚粒数11.9粒，成熟荚黑色，籽粒长圆柱形，种皮绿色、无光泽、白脐，百粒重4.98g，单株产量为14.4g。

【利用价值】目前直接应用于生产，以农户自行留种、自产自销为主，主要用于煮制绿豆糖水或制作粽子、糕点等。

6. 都林绿豆

【采集地】广西桂林市阳朔县白沙镇都林村。

【类型及分布】属于豆科豇豆属绿豆种（*Vigna radiata*），在都林村及附近村镇零星种植。

【主要特征特性】在南宁种植，生育期 59 天，有限结荚习性，株型紧凑，直立生长，幼茎紫色，主茎绿色，叶柄绿色，叶脉绿色，花黄带紫色，株高 69.8cm，主茎分枝数 1.7 个，主茎节数 12.0 节，单株荚数 21.1 个，荚长 11.1cm，单荚粒数 12.9 粒，成熟荚黄色，籽粒长圆柱形，种皮绿色、有光泽，白脐，百粒重 6.59g，单株产量为 13.4g。

【利用价值】目前直接应用于生产，一般种植于田间地头或果园地，以农户自行留种、自产自销为主，主要用于煮制绿豆糖水或制作粽子、糕点等。

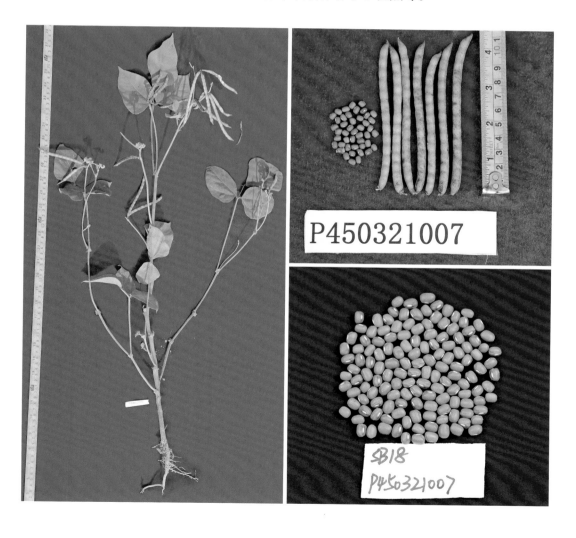

7. 晏村绿豆

【采集地】广西钦州市灵山县新圩镇晏村。

【类型及分布】属于豆科豇豆属绿豆种（*Vigna radiata*），在新圩镇晏村及附近村镇零星种植。

【主要特征特性】在南宁种植，生育期 62 天，有限结荚习性，株型紧凑，直立生长，幼茎紫色，主茎绿色，叶柄紫色，叶脉紫色，花黄带紫色，株高 68.5cm，主茎分枝数 1.5 个，主茎节数 11.0 节，单株荚数 14.8 个，荚长 10.9cm，单荚粒数 13.1 粒，成熟荚黄色，籽粒长圆柱形，种皮绿色、有光泽，白脐，百粒重 6.57g，单株产量为 8.4g。

【利用价值】目前直接应用于生产，以农户自行留种、自产自销为主，主要用于煮制绿豆糖水或制作粽子、糕点等。

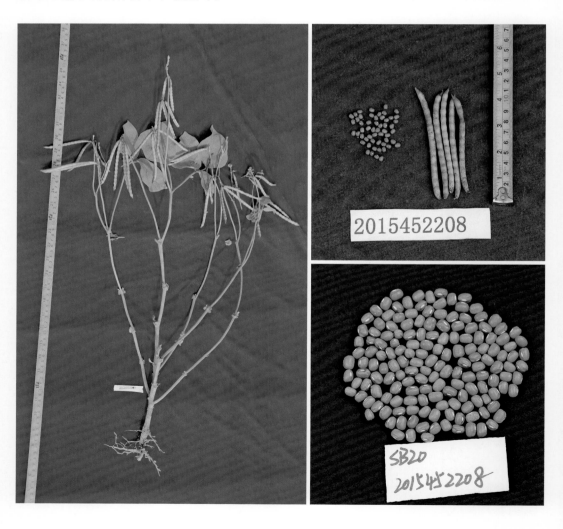

8. 木山绿豆

【采集地】广西南宁市上林县木山乡。

【类型及分布】属于豆科豇豆属绿豆种（*Vigna radiata*），在木山乡及附近村镇零星种植。

【主要特征特性】在南宁种植，生育期 59 天，有限结荚习性，株型紧凑，直立生长，幼茎紫色，主茎绿色，叶柄紫色，叶脉紫色，花黄带紫色，株高 68.4cm，主茎分枝数 2.8 个，主茎节数 10.9 节，单株荚数 29.2 个，荚长 10.8cm，单荚粒数 12.7 粒，成熟荚黄色，籽粒长圆柱形，种皮绿色、有光泽，白脐，百粒重 6.42g，单株产量为 13.6g。

【利用价值】目前直接应用于生产，以农户自行留种、自产自销为主，主要用于煮制绿豆糖水或制作粽子、糕点等，可作为绿豆育种亲本。

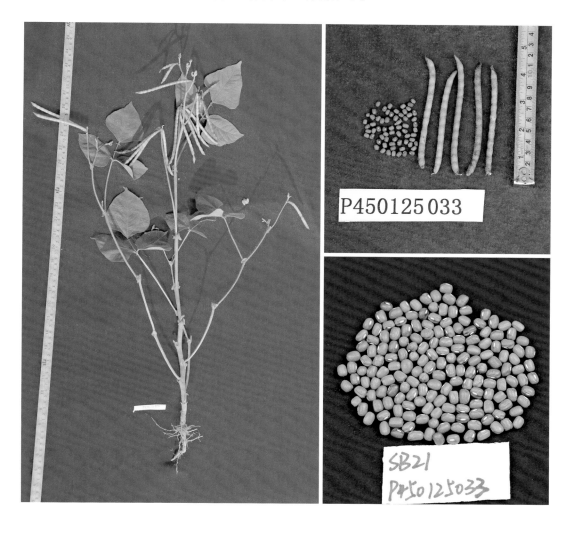

9．秀风绿豆

【采集地】广西桂林市灌阳县灌阳镇秀风村。

【类型及分布】属于豆科豇豆属绿豆种（*Vigna radiata*），在灌阳镇秀风村及附近村镇零星种植。

【主要特征特性】在南宁种植，生育期59天，有限结荚习性，株型紧凑，直立生长，幼茎紫色，主茎绿色，叶柄紫色，叶脉紫色，花黄带紫色，株高76.5cm，主茎分枝数2.4个，主茎节数10.3节，单株荚数19.9个，荚长12.8cm，单荚粒数14.0粒，成熟荚黑色，籽粒长圆柱形，种皮绿色、无光泽，白脐，百粒重6.06g，单株产量为13.0g。

【利用价值】目前直接应用于生产，以农户自行留种、自产自销为主，主要用于煮制绿豆糖水或制作粽子、糕点等。

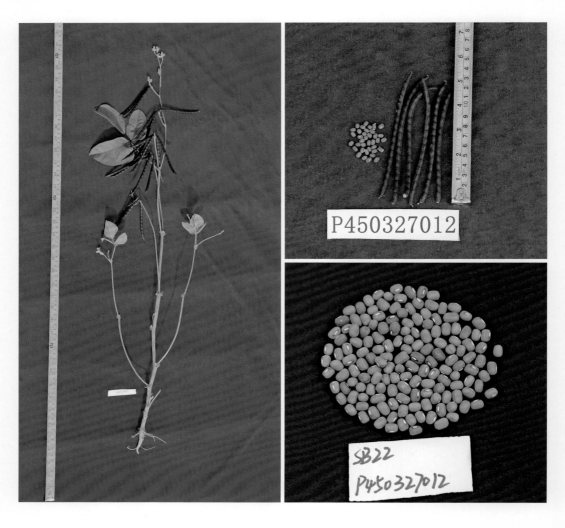

10.百旺绿豆

【采集地】广西河池市都安瑶族自治县百旺镇百旺社区。

【类型及分布】属于豆科豇豆属绿豆种（*Vigna radiata*），在百旺社区及附近村镇零星种植。

【主要特征特性】在南宁种植，生育期 59 天，有限结荚习性，株型紧凑，直立生长，幼茎紫色，主茎绿色，叶柄紫色，叶脉紫色，花黄带紫色，株高 65.2cm，主茎分枝数 1.9 个，主茎节数 10.8 节，单株荚数 21.6 个，荚长 11.0cm，单荚粒数 12.6 粒，成熟荚黄色，籽粒长圆柱形，种皮绿色、有光泽，白脐，百粒重 5.95g，单株产量为 14.1g。

【利用价值】目前直接应用于生产，一般 7～8 月播种，10 月中下旬收获，以农户自行留种、自产自销为主，主要用于煮制绿豆糖水或制作粽子、糕点等。

11．浦门绿豆

【采集地】广西崇左市凭祥市夏石镇浦门村。

【类型及分布】属于豆科豇豆属绿豆种（*Vigna radiata*），在浦门村及附近村镇零星种植。

【主要特征特性】在南宁种植，生育期59天，有限结荚习性，株型紧凑，直立生长，幼茎紫色，主茎绿色，叶柄紫色，叶脉紫色，花黄色，株高61.2cm，主茎分枝数1.4个，主茎节数10.1节，单株荚数20.3个，荚长9.5cm，单荚粒数11.5粒，成熟荚黑色，籽粒长圆柱形，种皮绿色、无光泽，白脐，百粒重5.74g，单株产量为9.6g。

【利用价值】目前直接应用于生产，以农户自行留种、自产自销为主，主要用于煮制绿豆糖水或制作粽子、糕点等。

12．禄新绿豆

【采集地】广西来宾市武宣县禄新镇。

【类型及分布】属于豆科豇豆属绿豆种（*Vigna radiata*），在禄新镇及附近村镇零星种植。

【主要特征特性】在南宁种植，生育期 59 天，有限结荚习性，株型紧凑，直立生长，幼茎紫色，主茎绿色，叶柄紫色，叶脉紫色，花黄带紫色，株高 60.8cm，主茎分枝数 1.2 个，主茎节数 11.8 节，单株荚数 19.5 个，荚长 11.3cm，单荚粒数 12.4 粒，成熟荚黄色，籽粒长圆柱形，种皮绿色、有光泽，白脐，百粒重 6.53g，单株产量为 11.9g。

【利用价值】目前直接应用于生产，以农户自行留种、自产自销为主，主要用于煮制绿豆糖水或制作粽子、糕点等。

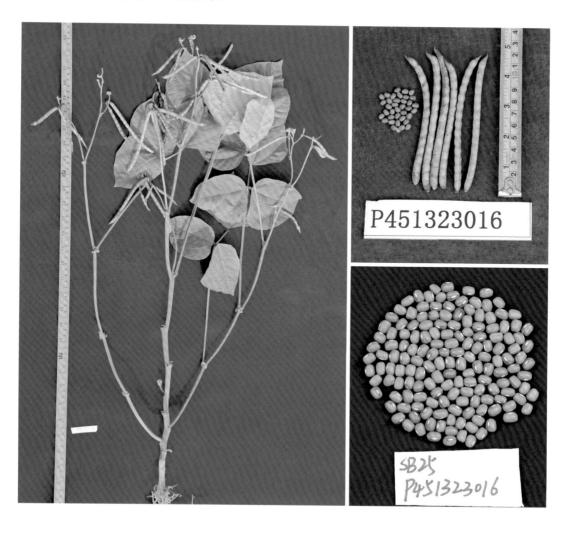

13. 烟墩绿豆

【采集地】广西钦州市灵山县烟墩镇烟墩村。

【类型及分布】属于豆科豇豆属绿豆种（*Vigna radiata*），在烟墩村及附近村镇零星种植。

【主要特征特性】在南宁种植，生育期63天，有限结荚习性，株型紧凑，直立生长，幼茎紫色，主茎绿色，叶柄紫色，叶脉紫色，花黄带紫色，株高44.6cm，主茎分枝数1.3个，主茎节数10.4节，单株荚数17.5个，荚长8.6cm，单荚粒数10.4粒，成熟荚黑色，籽粒长圆柱形，种皮绿色、有光泽，白脐，百粒重5.52g，单株产量为7.7g。

【利用价值】目前直接应用于生产，以农户自行留种、自产自销为主，主要用于煮制绿豆糖水或制作粽子、糕点等。

14. 浦东绿豆

【**采集地**】广西崇左市凭祥市上石镇浦东村。

【**类型及分布**】属于豆科豇豆属绿豆种（*Vigna radiata*），在浦东村及附近村镇零星种植。

【**主要特征特性**】在南宁种植，生育期 59 天，有限结荚习性，株型紧凑，直立生长，幼茎紫色，主茎绿色，叶柄紫色，叶脉紫色，花黄带紫色，株高 69.1cm，主茎分枝数 1.3 个，主茎节数 11.0 节，单株荚数 27.4 个，荚长 10.3cm，单荚粒数 11.6 粒，成熟荚黑色，籽粒长圆柱形，种皮绿色、无光泽，白脐，百粒重 5.07g，单株产量为 10.4g。

【**利用价值**】目前直接应用于生产，以农户自行留种、自产自销为主，主要用于煮制绿豆糖水或制作粽子、糕点等。

15．三联绿豆

【采集地】广西崇左市凭祥市友谊镇三联村。

【类型及分布】属于豆科豇豆属绿豆种（*Vigna radiata*），在三联村及附近村镇零星种植。

【主要特征特性】在南宁种植，生育期 66 天，有限结荚习性，株型紧凑，直立生长，幼茎紫色，主茎绿色，叶柄紫色，叶脉紫色，花黄带紫色，株高 53.1cm，主茎分枝数 2.9 个，主茎节数 11.6 节，单株荚数 27.4 个，荚长 8.4cm，单荚粒数 12.5 粒，成熟荚黑色，籽粒长圆柱形，种皮绿色、无光泽，白脐，百粒重 4.39g，单株产量为 9.4g。

【利用价值】目前直接应用于生产，以农户自行留种、自产自销为主，主要用于煮制绿豆糖水或制作粽子、糕点等。

16．宋城绿豆

【采集地】广西崇左市凭祥市友谊镇宋城村。

【类型及分布】属于豆科豇豆属绿豆种（*Vigna radiata*），在宋城村及附近村镇零星种植。

【主要特征特性】在南宁种植，生育期 66 天，有限结荚习性，株型紧凑，直立生长，幼茎紫色，主茎绿色，叶柄紫色，叶脉紫色，花黄带紫色，株高 44.3cm，主茎分枝数 1.7 个，主茎节数 9.6 节，单株荚数 20.8 个，荚长 9.3cm，单荚粒数 10.8 粒，成熟荚黑色，籽粒长圆柱形，种皮绿色、无光泽，白脐，百粒重 5.14g，单株产量为 9.2g。

【利用价值】目前直接应用于生产，以农户自行留种、自产自销为主，主要用于煮制绿豆糖水或制作粽子、糕点等。

17．礼茶绿豆

【采集地】广西崇左市凭祥市友谊镇礼茶村。

【类型及分布】属于豆科豇豆属绿豆种（*Vigna radiata*），在礼茶村及附近村镇零星种植。

【主要特征特性】在南宁种植，生育期 59 天，有限结荚习性，株型紧凑，直立生长，幼茎紫色，主茎绿色，叶柄绿色，叶脉绿色，花黄带紫色，株高 36.9cm，主茎分枝数 1.9 个，主茎节数 9.9 节，单株荚数 19.9 个，荚长 9.6cm，单荚粒数 12.1 粒，成熟荚黑色，籽粒长圆柱形，种皮绿色、无光泽，白脐，百粒重 4.69g，单株产量为 8.9g。

【利用价值】目前直接应用于生产，以农户自行留种、自产自销为主，主要用于煮制绿豆糖水或制作粽子、糕点等。该品种早熟、矮秆，可作为绿豆育种亲本。

18．夏桐绿豆

【采集地】广西崇左市凭祥市夏石镇夏桐村。

【类型及分布】属于豆科豇豆属绿豆种（*Vigna radiata*），在夏桐村及附近村镇零星种植。

【主要特征特性】在南宁种植，生育期 66 天，有限结荚习性，株型紧凑，直立生长，幼茎紫色，主茎绿色，叶柄紫色，叶脉紫色，花黄带紫色，株高 55.8cm，主茎分枝数 1.6 个，主茎节数 11.3 节，单株荚数 18.8 个，荚长 10.0cm，单荚粒数 12.5 粒，成熟荚黄色，籽粒长圆柱形，种皮绿色、有光泽，白脐，百粒重 6.18g，单株产量为 12.2g。

【利用价值】目前直接应用于生产，以农户自行留种、自产自销为主，主要用于煮制绿豆糖水或制作粽子、糕点等。

19. 长江绿豆

【采集地】广西玉林市博白县江宁镇长江村。

【类型及分布】属于豆科豇豆属绿豆种（*Vigna radiata*），在长江村及附近村镇零星种植。

【主要特征特性】在南宁种植，生育期 66 天，有限结荚习性，株型紧凑，直立生长，幼茎紫色，主茎绿色，叶柄紫色，叶脉紫色，花黄带紫色，株高 55.8cm，主茎分枝数 2.0 个，主茎节数 10.8 节，单株荚数 34.3 个，荚长 10.6cm，单荚粒数 11.9 粒，成熟荚黄白色，籽粒长圆柱形，种皮绿色、有光泽，白脐，百粒重 5.24g，单株产量为 16.0g。

【利用价值】目前直接应用于生产，以农户自行留种、自产自销为主，主要用于煮制绿豆糖水或制作粽子、糕点等。该品种单荚粒数多、单株产量高，可作为绿豆育种亲本。

20．小稔绿豆

【采集地】广西河池市罗城仫佬族自治县四把镇思平村。

【类型及分布】属于豆科豇豆属绿豆种（*Vigna radiata*），在四把镇思平村零星分布。

【主要特征特性】在南宁种植，生育期 61 天，有限结荚习性，株型散开，半蔓生型，幼茎紫色，主茎绿色，叶柄紫色，叶脉紫色，花黄带紫色，株高 66.4cm，主茎分枝数 4.5 个，主茎节数 15.3 节，单株荚数 61.1 个，荚长 7.1cm，单荚粒数 10.9 粒，成熟荚黑色，籽粒圆柱形，种皮灰绿色、无光泽，白脐，百粒重 2.15g，单株产量为 8.6g。

【利用价值】该品种为野生绿豆种质资源，当地村民煮制绿豆糖水当凉茶食用。该品种早熟、单株结荚数多，可作为绿豆育种亲本。

21. 官田绿豆

【采集地】广西玉林市博白县博白镇官田村。

【类型及分布】属于豆科豇豆属绿豆种（*Vigna radiata*），在官田村及附近村镇零星种植。

【主要特征特性】在南宁种植，生育期 67 天，有限结荚习性，株型紧凑，直立生长，幼茎紫色，主茎绿色，叶柄紫色，叶脉紫色，花黄带紫色，株高 73.1cm，主茎分枝数 3.6 个，主茎节数 10.4 节，单株荚数 18.5 个，荚长 7.9cm，单荚粒数 10.8 粒，成熟荚黑色，籽粒长圆柱形，种皮绿色、有光泽，白脐，百粒重 4.5g，单株产量为 5.8g。

【利用价值】目前直接应用于生产，以农户自行留种、自产自销为主，主要用于煮制绿豆糖水或制作粽子、糕点等。

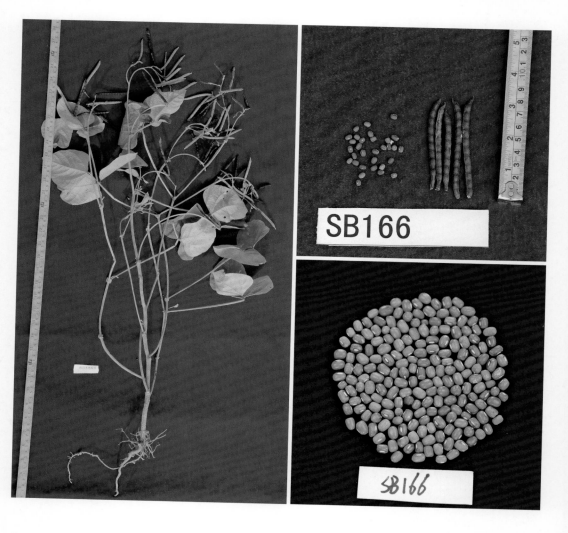

22. 庆云绿豆

【采集地】广西桂林市荔浦县龙怀乡庆云村。

【类型及分布】属于豆科豇豆属绿豆种（*Vigna radiata*），在庆云村及附近村镇零星种植。

【主要特征特性】在南宁种植，生育期 51 天，有限结荚习性，株型紧凑，直立生长，幼茎紫色，主茎绿色，叶柄紫色，叶脉紫色，花黄带紫色，株高 66.9cm，主茎分枝数 0.9 个，主茎节数 10.4 节，单株荚数 16.7 个，荚长 9.9cm，单荚粒数 12.8 粒，成熟荚黑色，籽粒长圆柱形，种皮绿色、有光泽，白脐，百粒重 6.83g，单株产量为 8.3g。

【利用价值】目前直接应用于生产，以农户自行留种、自产自销为主，用于煮制绿豆糖水或制作粽子、糕点等。该品种是特早熟、明亮大粒绿豆品种，可作为早熟绿豆育种亲本。

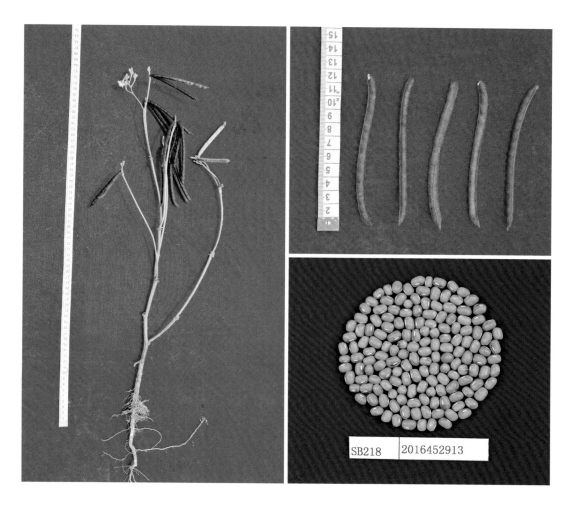

SB218 | 2016452913

23．古乔绿豆

【采集地】广西河池市大化瑶族自治县共和乡古乔村。

【类型及分布】属于豆科豇豆属绿豆种（*Vigna radiata*），在古乔村及附近村镇零星种植。

【主要特征特性】在南宁种植，生育期68天，有限结荚习性，株型紧凑，直立生长，幼茎绿色，主茎绿色，叶柄绿色，叶脉绿色，花黄色，株高46.7cm，主茎分枝数1.8个，主茎节数9.4节，单株荚数14.3个，荚长10.9cm，单荚粒数15.5粒，成熟荚黑色，籽粒长圆柱形，种皮绿色、无光泽，白脐，百粒重5.69g，单株产量为10.7g。

【利用价值】目前直接应用于生产，以农户自行留种、自产自销为主，用于煮制绿豆糖水或制作粽子、糕点等。该品种是多籽粒类型品种，可作为绿豆育种亲本。

24．六头绿豆

【采集地】广西崇左市扶绥县东门镇六头村。

【类型及分布】属于豆科豇豆属绿豆种（*Vigna radiata*），在六头村及附近村镇零星种植。

【主要特征特性】在南宁种植，生育期 59 天，有限结荚习性，株型紧凑，直立生长，幼茎紫色，主茎绿色，叶柄紫色，叶脉紫色，花黄带紫色，株高 52.0cm，主茎分枝数 0.9 个，主茎节数 10.1 节，单株荚数 16.6 个，荚长 10.3cm，单荚粒数 12.1 粒，成熟荚黑色，籽粒长圆柱形，种皮绿色、有光泽、白脐，百粒重 7.00g，单株产量为 7.4g。

【利用价值】目前直接应用于生产，一般 3 月中下旬或 7～8 月播种，5 月下旬或 10 月中下旬收获，以农户自行留种、自产自销为主，主要用于煮制绿豆糖水或制作粽子、糕点等。

25. 三皇洞绿豆

【采集地】广西桂林市灌阳县水车乡三皇洞村。

【类型及分布】属于豆科豇豆属绿豆种（*Vigna radiata*），在三皇洞村及附近村镇零星种植。

【主要特征特性】在南宁种植，生育期62天，有限结荚习性，株型紧凑，直立生长，幼茎紫色，主茎绿色，叶柄紫色，叶脉紫色，花黄带紫色，株高66.3cm，主茎分枝数1.1个，主茎节数9.9节，单株荚数21.1个，荚长9.5cm，单荚粒数12.8粒，成熟荚黑色，籽粒长圆柱形，种皮绿色、无光泽，白脐，百粒重4.80g，单株产量为8.8g。

【利用价值】目前直接应用于生产，以农户自行留种、自产自销为主，用于煮制绿豆糖水或制作粽子、糕点等。

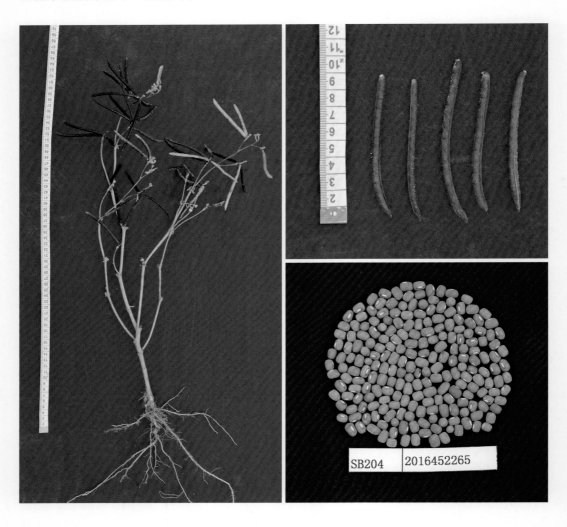

SB204　2016452265

26. 龙岗绿豆

【采集地】广西桂林市恭城瑶族自治县西岭镇龙岗村。

【类型及分布】属于豆科豇豆属绿豆种（*Vigna radiata*），在龙岗村及附近村镇零星种植。

【主要特征特性】在南宁种植，生育期59天，有限结荚习性，株型紧凑，直立生长，幼茎绿色，主茎绿色，叶柄绿色，叶脉绿色，花黄带紫色，株高60.4cm，主茎分枝数2.6个，主茎节数9.8节，单株荚数49.4个，荚长10.0cm，单荚粒数11.5粒，成熟荚黑色，籽粒长圆柱形，种皮绿色、有光泽，白脐，百粒重6.12g，单株产量为15.9g。

【利用价值】目前直接应用于生产，一般7~8月播种，10月中下旬收获，以农户自行留种、自产自销为主，主要用于煮制绿豆糖水或制作粽子、糕点等。

SB205　2016452758

27．京屯绿豆

【采集地】广西河池市大化瑶族自治县北景乡京屯村。

【类型及分布】属于豆科豇豆属绿豆种（*Vigna radiata*），在京屯村及附近村镇零星种植。

【主要特征特性】在南宁种植，生育期68天，有限结荚习性，株型紧凑，直立生长，幼茎绿色，主茎绿色，叶柄绿色，叶脉绿色，花黄色，株高70.6cm，主茎分枝数1.8个，主茎节数10.4节，单株荚数25.4个，荚长9.7cm，单荚粒数12.8粒，成熟荚黑色，籽粒长圆柱形，种皮绿色、有光泽，白脐，百粒重6.00g，单株产量为18.5g。

【利用价值】目前直接应用于生产，一般7～8月玉米收获后套种于玉米地，10月左右收获。以农户自行留种、自产自销为主，主要用于煮制绿豆糖水或制作粽子、糕点等。

SB206　2016453129

28. 板贡绿豆

【采集地】广西柳州市柳城县太平镇板贡村。

【类型及分布】属于豆科豇豆属绿豆种（*Vigna radiata*），在板贡村及附近村镇零星种植。

【主要特征特性】在南宁种植，生育期73天，有限结荚习性，株型紧凑，直立生长，幼茎紫色，主茎绿色，叶柄紫色，叶脉紫色，花黄带紫色，株高82.6cm，主茎分枝数2.1个，主茎节数11.0节，单株荚数31.9个，荚长9.8cm，单荚粒数12.6粒，成熟荚黑色，籽粒长圆柱形，种皮绿色、有光泽，白脐，百粒重5.34g，单株产量为9.7g。

【利用价值】目前直接应用于生产，以农户自行留种、自产自销为主，主要用于煮制绿豆糖水或制作粽子、糕点等。

SB207　2016451186

29．水力绿豆

【采集地】广西河池市大化瑶族自治县共和乡水力村。

【类型及分布】属于豆科豇豆属绿豆种（*Vigna radiata*），在水力村及附近村镇零星种植。

【主要特征特性】在南宁种植，生育期 67 天，有限结荚习性，株型紧凑，直立生长，幼茎紫色，主茎绿色，叶柄紫色，叶脉紫色，花黄带紫色，株高 67.2cm，主茎分枝数 1.9 个，主茎节数 12.8 节，单株荚数 28.4 个，荚长 10.4cm，单荚粒数 12.6 粒，成熟荚黄色，籽粒长圆柱形，种皮绿色、有光泽，白脐，百粒重 6.54g，单株产量为 14.7g。

【利用价值】目前直接应用于生产，以农户自行留种、自产自销为主，主要用于煮制绿豆糖水或制作粽子、糕点等。

30．德良绿豆

【采集地】广西桂林市恭城瑶族自治县西岭镇德良村。

【类型及分布】属于豆科豇豆属绿豆种（*Vigna radiata*），在德良村及附近村镇零星种植。

【主要特征特性】在南宁种植，生育期 59 天，有限结荚习性，株型紧凑，直立生长，幼茎紫色，主茎绿色，叶柄紫色，叶脉紫色，花黄带紫色，株高 64.2cm，主茎分枝数 2.4 个，主茎节数 10.2 节，单株荚数 35.0 个，荚长 11.7cm，单荚粒数 13.0 粒，成熟荚黑色，籽粒长圆柱形，种皮绿色、有光泽，白脐，百粒重 5.46g，单株产量为 12.0g。

【利用价值】目前直接应用于生产，以农户自行留种、自产自销为主，主要用于煮制绿豆糖水或制作粽子、糕点等。

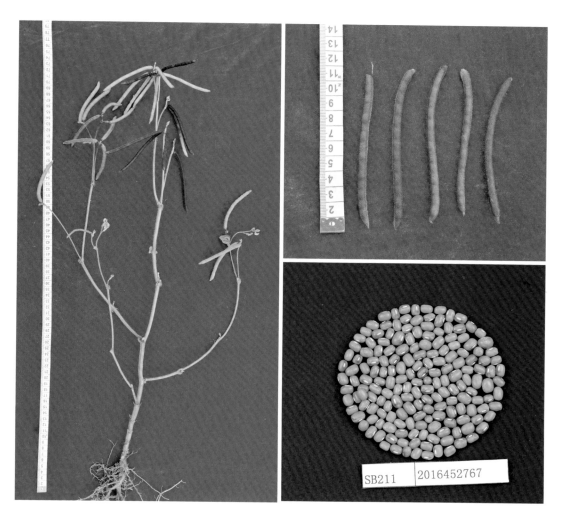

31．袍亭绿豆

【采集地】广西百色市凌云县伶站瑶族乡袍亭村。

【类型及分布】属于豆科豇豆属绿豆种（*Vigna radiata*），在袍亭村及附近村镇零星种植。

【主要特征特性】在南宁种植，生育期 61 天，有限结荚习性，株型紧凑，直立生长，幼茎紫色，主茎绿色，叶柄紫色，叶脉紫色，花黄带紫色，株高 77.4cm，主茎分枝数 3.3 个，主茎节数 10.3 节，单株荚数 37.4 个，荚长 10.3cm，单荚粒数 11.8 粒，成熟荚黑色，籽粒长圆柱形，种皮绿色、无光泽，白脐，百粒重 5.22g，单株产量为 11.4g。

【利用价值】目前直接应用于生产，一般在 8 月左右春玉米收获后播种，10 月左右收获，以农户自行留种、自产自销为主，主要用于煮制绿豆糖水或制作粽子、糕点等。该品种属早熟型品种，植株高大、分枝多、单株结荚数多，可作为绿豆育种亲本。

SB213　2016453596

32．古今绿豆

【采集地】广西南宁市马山县古寨瑶族乡古今村。

【类型及分布】属于豆科豇豆属绿豆种（*Vigna radiata*），在古今村及附近村镇零星种植。

【主要特征特性】在南宁种植，生育期65天，有限结荚习性，株型紧凑，直立生长，幼茎绿色，主茎绿色，叶柄绿色，叶脉绿色，花黄色，株高75.6cm，主茎分枝数2.7个，主茎节数9.8节，单株荚数25.6个，荚长11.9cm，单荚粒数13.6粒，成熟荚黑色，籽粒长圆柱形，种皮绿色、有光泽、白脐，百粒重6.16g，单株产量为9.5g。

【利用价值】目前直接应用于生产，一般在7~8月玉米收获后种于玉米地，10月左右收获，以农户自行留种、自产自销为主，主要用于煮制绿豆糖水或制作粽子、糕点等。

33. 北岩绿豆

【采集地】广西崇左市宁明县海渊镇北岩村。

【类型及分布】属于豆科豇豆属绿豆种（*Vigna radiata*），在北岩村及附近村镇零星种植。

【主要特征特性】在南宁种植，生育期67天，有限结荚习性，株型紧凑，直立生长，幼茎绿色，主茎绿色，叶柄绿色，叶脉绿色，花黄色，株高70.3cm，主茎分枝数2.3个，主茎节数9.3节，单株荚数21.5个，荚长10.3cm，单荚粒数12.6粒，成熟荚黑色，籽粒长圆柱形，种皮绿色、有光泽，白脐，百粒重6.52g，单株产量为9.1g。

【利用价值】目前直接应用于生产，以农户自行留种、自产自销为主，主要用于煮制绿豆糖水或制作粽子、糕点等。

34. 扶伦绿豆

【采集地】广西崇左市龙州县下冻镇扶伦村。

【类型及分布】属于豆科豇豆属绿豆种（*Vigna radiata*），在扶伦村及附近村镇零星种植。

【主要特征特性】在南宁种植，生育期 61 天，有限结荚习性，株型紧凑，直立生长，幼茎紫色，主茎绿色，叶柄紫色，叶脉紫色，花黄带紫色，株高 53.6cm，主茎分枝数 2.9 个，主茎节数 10.3 节，单株荚数 53.0 个，荚长 9.4cm，单荚粒数 11.9 粒，成熟荚黑色，籽粒长圆柱形，种皮绿色、无光泽、白脐，百粒重 3.75g，单株产量为 9.2g。

【利用价值】目前直接应用于生产，以农户自行留种、自产自销为主，主要用于煮制绿豆糖水或制作粽子、糕点等。该品种属早熟型品种，单株结荚数多，可作为绿豆育种亲本。

35．蚌贝绿豆

【采集地】广西贺州市富川瑶族自治县朝东镇蚌贝村。

【类型及分布】属于豆科豇豆属绿豆种（*Vigna radiata*），在蚌贝村及附近村镇零星种植。

【主要特征特性】在南宁种植，生育期61天，有限结荚习性，株型紧凑，直立生长，幼茎紫色，主茎绿色，叶柄紫色，叶脉紫色，花黄带紫色，株高66.8cm，主茎分枝数3.5个，主茎节数10.9节，单株荚数37.6个，荚长11.2cm，单荚粒数12.6粒，成熟荚黄色，籽粒长圆柱形，种皮绿色、有光泽，白脐，百粒重6.34g，单株产量为14.1g。

【利用价值】目前直接应用于生产，以农户自行留种、自产自销为主，主要用于煮制绿豆糖水或制作粽子、糕点等。

SB220　2017451034

36．合洞绿豆

【采集地】广西贺州市富川瑶族自治县葛坡镇合洞村。

【类型及分布】属于豆科豇豆属绿豆种（*Vigna radiata*），在合洞村及附近村镇零星种植。

【主要特征特性】在南宁种植，生育期65天，有限结荚习性，株型紧凑，直立生长，幼茎绿色，主茎绿色，叶柄紫色，叶脉紫色，花黄带紫色，株高69.8cm，主茎分枝数2.5个，主茎节数10.6节，单株荚数20.4个，荚长9.3cm，单荚粒数13.3粒，成熟荚黑色，籽粒长圆柱形，种皮绿色、有光泽，白脐，百粒重6.51g，单株产量为10.3g。

【利用价值】目前直接应用于生产，以农户自行留种、自产自销为主，主要用于煮制绿豆糖水或制作粽子、糕点等。

37．路溪绿豆

【采集地】广西贺州市富川瑶族自治县新华乡路溪村。

【类型及分布】属于豆科豇豆属绿豆种（*Vigna radiata*），在路溪村及附近村镇零星种植。

【主要特征特性】在南宁种植，生育期 61 天，有限结荚习性，株型紧凑，直立生长，幼茎紫色，主茎绿色，叶柄紫色，叶脉紫色，花黄带紫色，株高 70.6cm，主茎分枝数 2.9 个，主茎节数 10.6 节，单株荚数 30.6 个，荚长 11.4cm，单荚粒数 12.8 粒，成熟荚黑色，籽粒长圆柱形，种皮绿色、无光泽，白脐，百粒重 5.28g，单株产量为11.1g。

【利用价值】目前直接应用于生产，以农户自行留种、自产自销为主，主要用于煮制绿豆糖水或制作粽子、糕点等。该品种单荚粒数多、单株产量高，可作为绿豆育种亲本。

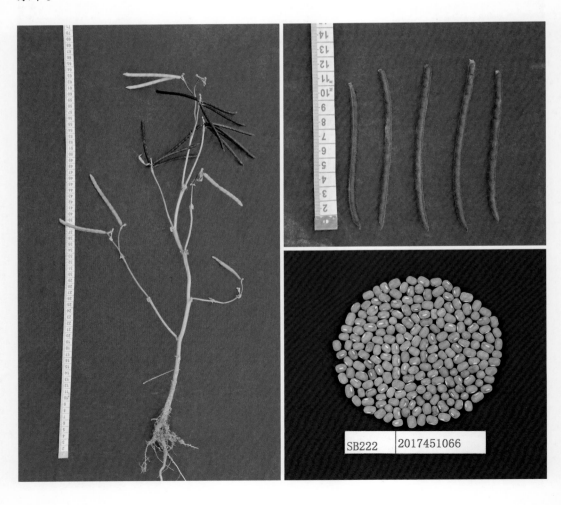

SB222 2017451066

38．上洞绿豆

【采集地】广西贺州市富川瑶族自治县葛坡镇上洞村。

【类型及分布】属于豆科豇豆属绿豆种（*Vigna radiata*），在上洞村及附近村镇零星种植。

【主要特征特性】在南宁种植，生育期62天，有限结荚习性，株型紧凑，直立生长，幼茎紫色，主茎绿色，叶柄紫色，叶脉紫色，花黄带紫色，株高56.0cm，主茎分枝数2.0个，主茎节数10.5节，单株荚数23.8个，荚长10.2cm，单荚粒数13粒，成熟荚黄色，籽粒长圆柱形，种皮绿色、有光泽，白脐，百粒重6.27g，单株产量为9.6g。

【利用价值】目前直接应用于生产，一般7月中下旬播种，10月上旬收获，以农户自行留种、自产自销为主，用于煮制绿豆糖水或制作粽子、糕点等。

39．井湾绿豆

【采集地】广西贺州市富川瑶族自治县新华乡井湾村。

【类型及分布】属于豆科豇豆属绿豆种（*Vigna radiata*），在井湾村及附近村镇零星种植。

【主要特征特性】在南宁种植，生育期62天，有限结荚习性，株型紧凑，直立生长，幼茎绿色，主茎绿色，叶柄绿色，叶脉绿色，花黄色，株高53.3cm，主茎分枝数3.4个，主茎节数10.4节，单株荚数24.9个，荚长11.5cm，单荚粒数16.4粒，成熟荚黑色，籽粒长圆柱形，种皮绿色、无光泽，白脐，百粒重4.77g，单株产量为9.4g。

【利用价值】目前直接应用于生产，以农户自行留种、自产自销为主，主要用于煮制绿豆糖水或制作粽子、糕点等。该品种属早熟型品种，单荚粒数多达16.4粒，可作为绿豆育种亲本。

40．坪源绿豆

【采集地】广西贺州市富川瑶族自治县新华乡坪源村。

【类型及分布】属于豆科豇豆属绿豆种（*Vigna radiata*），在坪源村及附近村镇零星种植。

【主要特征特性】在南宁种植，生育期 69 天，有限结荚习性，株型紧凑，直立生长，幼茎紫色，主茎绿色，叶柄紫色，叶脉紫色，花黄带紫色，株高 51.2cm，主茎分枝数 2.8 个，主茎节数 10.7 节，单株荚数 25.9 个，荚长 11.5cm，单荚粒数 12.6 粒，成熟荚黄色，籽粒长圆柱形，种皮绿色、有光泽，白脐，百粒重 6.55g，单株产量为 7.8g。

【利用价值】目前直接应用于生产，以农户自行留种、自产自销为主，主要用于煮制绿豆糖水或制作粽子、糕点等。

SB225　2017451019

第二节　饭豆种质资源

　　饭豆（*Vigna umbellata*）属于豆科（Leguminosae）蝶形花亚科（Papilionoideae）豇豆属，又名精米豆、蔓豆、爬山豆、芒豆、竹豆、米豆等，英文名 rice bean。本次饭豆种质资源调查收集的样本数为 104 份，主要分布在百色市的凌云县、隆林各族自治县，河池市的大化瑶族自治县、都安瑶族自治县，桂林市的恭城瑶族自治县、荔浦县等地，海拔分布为 30～1479m。分别于 2017 年、2018 年在南宁市武鸣区广西农业科学院里建科研基地进行田间试验鉴定，参照《饭豆种质资源描述规范和数据标准》（程须珍等，2006b）进行评价，主要调查了生长习性、生育期、幼茎色、主茎色、花色、株高、单株荚数、单荚粒数、荚色、荚长、荚形、粒形、粒色、百粒重等农艺性状。根据田间鉴定的特异性、优良性状筛选出优异种质资源。

　　本节介绍 75 份饭豆优异种质资源。在介绍饭豆种质资源的信息中，【主要特征特性】所列农艺性状数据均为 2017 年、2018 年田间鉴定数据的平均值。

1. 秀风竹豆

　　【采集地】广西桂林市灌阳县灌阳镇秀风村。

　　【类型及分布】属于豆科豇豆属饭豆种（*Vigna umbellata*），在秀风村及附近村镇零星种植。

　　【主要特征特性】在南宁 7 月初种植，生育期 92 天，蔓生型品种，幼茎红色，主茎绿色，复叶心形，叶脉绿色，叶柄绿色，花黄色，株高 232.1cm，主茎分枝数 2.1 个，主茎节数 17.3 节，单株荚数 86.3 个，单荚粒数 8.8 粒，荚长 9.4cm，成熟豆荚黑色、镰刀形，籽粒长圆形，种皮红色、光亮，百粒重 5.30g，单株产量为 28.6g。

　　【利用价值】目前直接应用于生产，种植于荒地或与玉米等作物套种，主要由农户自行留种、自产自销，以食用干籽粒为主。经抗豆象试验鉴定，该品种表现为高抗，或可作为抗性育种亲本。

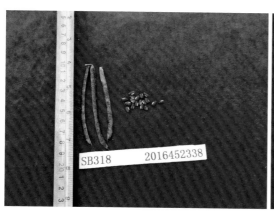

2．晏村大红豆

【采集地】广西钦州市灵山县新圩镇晏村。

【类型及分布】属于豆科豇豆属饭豆种（*Vigna umbellata*）、在晏村及附近村镇零星种植。

【主要特征特性】在南宁 7 月初种植，生育期 136 天，蔓生型品种，幼茎红色，主

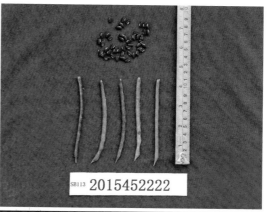

茎绿色，复叶心形，叶脉绿色，叶柄绿色，花黄色，株高 259.8cm，主茎分枝数 2.8 个，主茎节数 27.3 节，单株荚数 100.0 个，单荚粒数 7.9 粒，荚长 9.5cm，成熟豆荚黑色、镰刀形，籽粒长圆形，种皮红色、光亮，百粒重 9.44g，单株产量为 59.0g。

【利用价值】目前直接应用于生产，种植于荒地，以粗放种植为主，主要由农户自行留种、自产自销，以食用干籽粒为主。

3. 桐木竹豆

【采集地】广西来宾市金秀瑶族自治县桐木镇桐木村。

【类型及分布】属于豆科豇豆属饭豆种（*Vigna umbellata*），在桐木村及附近村镇零星种植。

【主要特征特性】在南宁 7 月初种植，生育期 146 天，蔓生型品种，幼茎红色，主茎绿色，复叶心形，叶脉绿色，叶柄绿色，花黄色，株高 126.7cm，主茎分枝数 1.7 个，主茎节数 15.9 节，单株荚数 129.1 个，单荚粒数 9.4 粒，荚长 10.5cm，成熟豆荚褐色、镰刀形，籽粒长圆形，种皮红色、光亮，百粒重 7.31g，单株产量为 61.1g。

【利用价值】目前直接应用于生产，种植于荒地，以粗放种植为主，主要由农户自行留种、自产自销，以食用干籽粒为主。

4．沐恩赤小豆

【**采集地**】广西来宾市象州县象州镇沐恩村。

【**类型及分布**】属于豆科豇豆属饭豆种（*Vigna umbellata*），在沐恩村及附近村镇零星种植。

【**主要特征特性**】在南宁7月初种植，生育期146天，蔓生型品种，幼茎红色，主茎绿色，复叶心形，叶脉绿色，叶柄绿色，花黄色，株高205.0cm，主茎分枝数1.8个，主茎节数24.8节，单株荚数19.5个，单荚粒数7.9粒，荚长9.3cm，成熟豆荚褐色、镰刀形，籽粒长圆形，种皮红色、光亮，百粒重6.42g，单株产量为11.1g。

【**利用价值**】目前直接应用于生产，种植于荒地，以粗放种植为主，主要由农户自行留种、自产自销，以食用干籽粒为主。

5. 拉仁红竹豆

【采集地】广西河池市凤山县凤城镇拉仁村。

【类型及分布】属于豆科豇豆属饭豆种（*Vigna umbellata*），在拉仁村及附近村镇零星种植。

【主要特征特性】在南宁 7 月初种植，生育期 137 天，蔓生型品种，幼茎红色，主茎绿色，复叶心形，叶脉绿色，叶柄绿色，花黄色，株高 163.8cm，主茎分枝数 2.5 个，主茎节数 20.3 节，单株荚数 61.3 个，单荚粒数 9.0 粒，荚长 11.4cm，成熟豆荚褐色、镰刀形，籽粒长圆形，种皮红色、光亮，百粒重 9.34g，单株产量为 24.5g。

【利用价值】目前直接应用于生产，种植于荒地或与玉米套种，以粗放种植为主，主要由农户自行留种、自产自销，以食用干籽粒为主。

6. 拉仁花竹豆

【采集地】广西河池市凤山县凤城镇拉仁村。

【类型及分布】属于豆科豇豆属饭豆种（*Vigna umbellata*），在拉仁村及附近村镇零星种植。

【主要特征特性】在南宁7月初种植，生育期132天，蔓生型品种，幼茎红色，主茎绿色，复叶心形，叶脉绿色，叶柄绿色，花黄色，株高103.6cm，主茎分枝数1.7个，主茎节数20.7节，单株荚数60.0个，单荚粒数9.3粒，荚长8.0cm，成熟豆荚黑色、镰刀形，籽粒长圆形，种皮褐花斑色、光亮，百粒重3.41g，单株产量为16.7g。

【利用价值】目前直接应用于生产，以粗放种植为主，主要由农户自行留种、自产自销，以食用干籽粒为主。

7. 岑沙竹豆

【采集地】广西来宾市忻城县红渡镇雷洞村岑沙屯。

【类型及分布】属于豆科豇豆属饭豆种（*Vigna umbellata*），在雷洞村及附近村镇零星种植。

【主要特征特性】在南宁 7 月初种植，生育期 67 天，直立型品种，幼茎红色，主茎绿色，复叶心形，叶脉绿色，叶柄绿色，花黄色，株高 68.9cm，主茎分枝数 3.7 个，主茎节数 10.3 节，单株荚数 28.2 个，单荚粒数 7.9 粒，荚长 10.5cm，成熟豆荚褐色、镰刀形，籽粒长圆形，种皮红色、光亮，百粒重 7.67g，单株产量为 15.5g。

【利用价值】目前直接应用于生产，种植于荒地或与玉米套种，以粗放种植为主，主要由农户自行留种、自产自销，以食用干籽粒为主。

8．上梅竹豆

【采集地】广西河池市都安瑶族自治县隆福乡上梅村。

【类型及分布】属于豆科豇豆属饭豆种（*Vigna umbellata*），在上梅村及附近村镇零星种植。

【主要特征特性】在南宁7月初种植，生育期137天，蔓生型品种，幼茎红色，主茎绿色，复叶心形，叶脉绿色，叶柄绿色，花黄色，株高160.6cm，主茎分枝数2.6个，主茎节数22.1节，单株荚数48.8个，单荚粒数8.4粒，荚长8.1cm，成熟豆荚褐色、镰刀形，籽粒长圆形，种皮红色、光亮，百粒重5.78g，单株产量为17.3g。

【利用价值】目前直接应用于生产，一般春玉米收获前套种于玉米地中，以粗放种植为主，主要由农户自行留种、自产自销，以食用干籽粒为主。

9．钦能竹豆

【采集地】广西河池市东兰县泗孟乡钦能村。

【类型及分布】属于豆科豇豆属饭豆种（*Vigna umbellata*），在钦能村及附近村镇零星种植。

【主要特征特性】在南宁 7 月初种植，生育期 137 天，蔓生型品种，幼茎红色，主茎绿色，复叶心形，叶脉绿色，叶柄绿色，花黄色，株高 151.3cm，主茎分枝数 2.8 个，主茎节数 28.0 节，单株荚数 45.0 个，单荚粒数 8.5 粒，荚长 10.2cm，成熟豆荚褐色、镰刀形，籽粒长圆形，种皮红色、光亮，百粒重 8.44g，单株产量为 24.7g。

【利用价值】目前直接应用于生产，一般春玉米收获前套种于玉米地中，以粗放种植为主，主要由农户自行留种、自产自销，以食用干籽粒为主。

10. 甲坪竹豆

【采集地】广西河池市南丹县八圩瑶族乡甲坪村。

【类型及分布】属于豆科豇豆属饭豆种（*Vigna umbellata*），在甲坪村及附近村镇零星种植。

【主要特征特性】在南宁 7 月初种植，生育期 136 天，蔓生型品种，幼茎红色，主茎绿色，复叶心形，叶脉绿色，叶柄绿色，花黄色，株高 216.4cm，主茎分枝数 3.7 个，主茎节数 23.0 节，单株荚数 33.6 个，单荚粒数 8.5 粒，荚长 11.9cm，成熟豆荚褐色、镰刀形，籽粒长圆形，种皮红色、光亮，百粒重 9.10g，单株产量为 23.3g。

【利用价值】目前直接应用于生产，一般春玉米收获前套种于玉米地中，以粗放种植为主，主要由农户自行留种、自产自销，以食用干籽粒为主。

11．岜森竹豆

【采集地】广西南宁市上林县塘红乡岜森村。

【类型及分布】属于豆科豇豆属饭豆种（*Vigna umbellata*），在岜森村及附近村镇零星种植。

【主要特征特性】在南宁 7 月初种植，生育期 69 天，直立型品种，幼茎红色，主茎绿色，复叶心形，叶脉绿色，叶柄绿色，花黄色，株高 58.5cm，主茎分枝数 2.8 个，主茎节数 11.2 节，单株荚数 17.8 个，单荚粒数 8.4 粒，荚长 10.4cm，成熟豆荚褐色、镰刀形，籽粒长圆形，种皮红色、光亮，百粒重 7.41g，单株产量为 8.4g。

【利用价值】目前直接应用于生产，主要由农户自行留种、自产自销，以食用干籽粒为主。

12．百旺竹豆

【采集地】广西河池市都安瑶族自治县百旺镇百旺社区。

【类型及分布】属于豆科豇豆属饭豆种（*Vigna umbellata*），在百旺社区及附近村镇种植，年种植面积约为150hm²。

【主要特征特性】在南宁7月初种植，生育期74天，直立型品种，幼茎红色，主茎绿色，复叶心形，叶脉绿色，叶柄绿色，花黄色，株高65.5cm，主茎分枝数3.4个，主茎节数10.0节，单株荚数19.1个，单荚粒数8.5粒，荚长10.3cm，成熟豆荚褐色、镰刀形，籽粒长圆形，种皮红色、光亮，百粒重8.01g，单株产量为9.2g。

【利用价值】目前直接应用于生产，一般春玉米收获前套种于玉米地中，以粗放种植为主，主要由农户自行留种、采收后商贩收购，价格12～18元/kg，以食用干籽粒为主。

13. 石豆

【采集地】广西河池市都安瑶族自治县三只羊乡龙英村。

【类型及分布】属于豆科豇豆属饭豆种（*Vigna umbellata*），在龙英村及附近村镇零星种植。

【主要特征特性】在南宁7月初种植，生育期134天，蔓生型品种，幼茎红色，主茎绿色，复叶心形，叶脉绿色，叶柄绿色，花黄色，株高207.4cm，主茎分枝数3.1个，主茎节数22.6节，单株荚数31.1个，单荚粒数7.6粒，荚长11.2cm，成熟豆荚褐色、镰刀形，籽粒长圆形，种皮红色、光亮，百粒重11.53g，单株产量为26.2g。

【利用价值】目前直接应用于生产，一般春玉米收获前套种于玉米地中，以粗放种植为主，主要由农户自行留种、自产自销，以食用干籽粒为主。

14．仪凤竹豆

【采集地】广西河池市环江毛南族自治县下南乡仪凤村。

【类型及分布】属于豆科豇豆属饭豆种（*Vigna umbellata*），在仪凤村及附近村镇零星种植。

【主要特征特性】在南宁 7 月初种植，生育期 134 天，蔓生型品种，幼茎红色，主茎绿色，复叶心形，叶脉绿色，叶柄绿色，花黄色，株高 221.8cm，主茎分枝数 3.0 个，主茎节数 25.0 节，单株荚数 105.0 个，单荚粒数 7.1 粒，荚长 8.4cm，成熟豆荚褐色、镰刀形，籽粒长圆形，种皮淡黄色、光亮，百粒重 8.01g，单株产量为 43.1g。

【利用价值】目前直接应用于生产，以粗放种植为主，主要由农户自行留种、自产自销，以食用干籽粒为主。

15. 委尧黑竹豆

【采集地】广西百色市隆林各族自治县沙梨乡委尧村。

【类型及分布】属于豆科豇豆属饭豆种（*Vigna umbellata*），在委尧村及附近村镇零星种植。

【主要特征特性】在南宁 7 月初种植，生育期 123 天，蔓生型品种，幼茎红色，主茎绿色，复叶心形，叶脉绿色，叶柄绿色，花黄色，株高 242.8cm，主茎分枝数 3.0个，主茎节数 25.4 节，单株荚数 37.0 个，单荚粒数 8.7 粒，荚长 10.7cm，成熟豆荚褐色、镰刀形，籽粒长圆形，种皮黑色、光亮，百粒重 8.03g，单株产量为 21.0g。

【利用价值】目前直接应用于生产，以粗放种植为主，主要由农户自行留种、自产自销，以食用干籽粒为主。

16. 委尧黄竹豆

【采集地】广西百色市隆林各族自治县沙梨乡委尧村。

【类型及分布】属于豆科豇豆属饭豆种（*Vigna umbellata*），在委尧村及附近村镇零星种植。

【主要特征特性】在南宁 7 月初种植，生育期 109 天，蔓生型品种，幼茎红色，主茎绿色，复叶心形，叶脉绿色，叶柄绿色，花黄色，株高 298.3cm，主茎分枝数 3.5 个，主茎节数 30.3 节，单株荚数 158.7 个，单荚粒数 8.1 粒，荚长 11.1cm，成熟豆荚黄白色、镰刀形，籽粒长圆形，种皮淡黄色、光亮，百粒重 10.81g，单株产量为 75.6g。

【利用价值】目前直接应用于生产，以粗放种植为主，主要由农户自行留种、自产自销，以食用干籽粒为主。

17．浦东竹豆

【采集地】广西崇左市凭祥市上石镇浦东村。

【类型及分布】属于豆科豇豆属饭豆种（*Vigna umbellata*），在浦东村及附近村镇零星种植。

【主要特征特性】在南宁 7 月初种植，生育期 126 天，蔓生型品种，幼茎红色，主茎绿色，复叶心形，叶脉绿色，叶柄绿色，花黄色，株高 197.9cm，主茎分枝数 2.4 个，主茎节数 22.7 节，单株荚数 83.6 个，单荚粒数 9.5 粒，荚长 10.0cm，成熟豆荚黑色、镰刀形，籽粒长圆形，种皮褐花斑色、光亮，百粒重 5.04g，单株产量为 33.9g。

【利用价值】目前直接应用于生产，以粗放种植为主，主要由农户自行留种、自产自销，以食用干籽粒为主。

18. 白伟赤小豆

【采集地】广西河池市宜州区祥贝乡白伟村。

【类型及分布】属于豆科豇豆属饭豆种（*Vigna umbellata*），在白伟村及附近村镇零星种植。

【主要特征特性】在南宁 7 月初种植，生育期 109 天，蔓生型品种，幼茎红色，主茎绿色，复叶心形，叶脉绿色，叶柄绿色，花黄色，株高 194.8cm，主茎分枝数 4.0 个，主茎节数 22.0 节，单株荚数 72.0 个，单荚粒数 9.4 粒，荚长 7.9cm，成熟豆荚褐色、镰刀形，籽粒长圆形，种皮淡黄色、光亮，百粒重 5.20g，单株产量为 34.9g。

【利用价值】目前直接应用于生产，以粗放种植为主，主要由农户自行留种、自产自销，以食用干籽粒为主。

19．永正竹豆

【采集地】广西桂林市灵川县灵田镇永正村。

【类型及分布】属于豆科豇豆属饭豆种（*Vigna umbellata*），在永正村及附近村镇零星种植。

【主要特征特性】在南宁 7 月初种植，生育期 109 天，蔓生型品种，幼茎红色，主茎绿色，复叶心形，叶脉绿色，叶柄绿色，花黄色，株高 236.8cm，主茎分枝数 3.8个，主茎节数 24.8 节，单株荚数 25.0 个，单荚粒数 7.6 粒，荚长 9.9cm，成熟豆荚褐色、镰刀形，籽粒长圆形，种皮褐花斑色、光亮，百粒重 8.21g，单株产量为 12.7g。

【利用价值】目前直接应用于生产，以粗放种植为主，主要由农户自行留种、自产自销，以食用干籽粒为主。

20. 竹鼠豆

【采集地】广西南宁市隆安县布泉乡巴香村。

【类型及分布】属于豆科豇豆属饭豆种（*Vigna umbellata*），在巴香村及附近村镇零星种植。

【主要特征特性】在南宁 7 月初种植，生育期 97 天，蔓生型品种，幼茎红色，主茎绿色，复叶心形，叶脉绿色，叶柄绿色，花黄色，株高 224.8cm，主茎分枝数 2.2 个，主茎节数 24.8 节，单株荚数 30.6 个，单荚粒数 10.1 粒，荚长 7.7cm，成熟豆荚褐色、镰刀形，籽粒长圆形，种皮褐花斑色、光亮，百粒重 3.21g，单株产量为 9.0g。

【利用价值】目前直接应用于生产，以粗放种植为主，主要由农户自行留种、自产自销，以食用干籽粒为主。

21. 源江竹豆

【采集地】广西桂林市兴安县兴安镇源江村。

【类型及分布】属于豆科豇豆属饭豆种（*Vigna umbellata*），在源江村及附近村镇零星种植。

【主要特征特性】在南宁 7 月初种植，生育期 109 天，蔓生型品种，幼茎红色，主茎绿色，复叶心形，叶脉绿色，叶柄绿色，花黄色，株高 238.4cm，主茎分枝数 3.4 个，主茎节数 27.2 节，单株荚数 67.0 个，单荚粒数 8.3 粒，荚长 8.7cm，成熟豆荚黑色、镰刀形，籽粒长圆形，种皮褐花斑色、光亮，百粒重 5.20g，单株产量为 27.1g。

【利用价值】目前直接应用于生产，以粗放种植为主，主要由农户自行留种、自产自销，以食用干籽粒为主。

22. 汪乐竹豆

【采集地】广西防城港市上思县南屏瑶族乡汪乐村。

【类型及分布】属于豆科豇豆属饭豆种（*Vigna umbellata*），在汪乐村及附近村镇零星种植。

【主要特征特性】在南宁 7 月初种植，生育期 109 天，蔓生型品种，幼茎红色，主茎绿色，复叶心形，叶脉绿色，叶柄绿色，花黄色，株高 359.2cm，主茎分枝数 3.0 个，主茎节数 38.2 节，单株荚数 44.2 个，单荚粒数 6.6 粒，荚长 10.1cm，成熟豆荚黑色、镰刀形，籽粒长圆形，种皮淡黄色、光亮，百粒重 10.11g，单株产量为 29.1g。

【利用价值】目前直接应用于生产，以粗放种植为主，主要由农户自行留种、自产自销，以食用干籽粒为主。

SB138　2015451097

23．卡桥红竹豆

【采集地】广西河池市巴马瑶族自治县东山乡卡桥村。

【类型及分布】属于豆科豇豆属饭豆种（*Vigna umbellata*），在卡桥村及附近村镇零星种植。

【主要特征特性】在南宁 7 月初种植，生育期 109 天，蔓生型品种，幼茎红色，主茎绿色，复叶心形，叶脉绿色，叶柄绿色，花黄色，株高 302.9cm，主茎分枝数 2.9个，主茎节数 32.5 节，单株荚数 60.6 个，单荚粒数 7.0 粒，荚长 11.2cm，成熟豆荚褐色、镰刀形，籽粒长圆形，种皮红色、光亮，百粒重 11.01g，单株产量为 40.0g。

【利用价值】目前直接应用于生产，以粗放种植为主，主要由农户自行留种、自产自销，以食用干籽粒为主。

SB139　P451227001

24. 卡桥黄竹豆

【采集地】广西河池市巴马瑶族自治县东山乡卡桥村。

【类型及分布】属于豆科豇豆属饭豆种（*Vigna umbellata*），在卡桥村及附近村镇零星种植。

【主要特征特性】在南宁7月初种植，生育期109天，蔓生型品种，幼茎红色，主茎绿色，复叶心形，叶脉绿色，叶柄绿色，花黄色，株高254.0cm，主茎分枝数2.2个，主茎节数26.8节，单株荚数65.0个，单荚粒数8.8粒，荚长10.6cm，成熟豆荚褐色、镰刀形，籽粒长圆形，种皮淡黄色、光亮，百粒重8.12g，单株产量为29.2g。

【利用价值】目前直接应用于生产，以粗放种植为主，主要由农户自行留种、自产自销，以食用干籽粒为主。

25. 龙科绿米豆

【采集地】广西梧州市苍梧县沙头镇龙科村。

【类型及分布】属于豆科豇豆属饭豆种（*Vigna umbellata*），在龙科村及附近村镇零星种植。

【主要特征特性】在南宁7月初种植，生育期109天，蔓生型品种，幼茎红色，主茎绿色，复叶心形，叶脉绿色，叶柄绿色，花黄色，株高367.0cm，主茎分枝数4.3个，主茎节数39.5节，单株荚数48.0个，单荚粒数9.1粒，荚长10.3cm，成熟豆荚褐色、镰刀形，籽粒长圆形，种皮淡黄色、光亮，百粒重7.72g，单株产量为29.5g。

【利用价值】目前直接应用于生产，以粗放种植为主，主要由农户自行留种、自产自销，以食用干籽粒为主。

SB142　P450421004

26．龙科赤小豆

【采集地】广西梧州市苍梧县沙头镇龙科村。

【类型及分布】属于豆科豇豆属饭豆种（*Vigna umbellata*），在龙科村及附近村镇零星种植。

【主要特征特性】在南宁 7 月初种植，生育期 136 天，蔓生型品种，幼茎红色，主茎绿色，复叶心形，叶脉绿色，叶柄绿色，花黄色，株高 231.8cm，主茎分枝数 3.4 个，主茎节数 23.4 节，单株荚数 68.0 个，单荚粒数 7.9 粒，荚长 10.5cm，成熟豆荚褐色、镰刀形，籽粒长圆形，种皮红色、光亮，百粒重 8.80g，单株产量为 38.4g。

【利用价值】目前直接应用于生产，种植于荒地，以粗放种植为主，主要由农户自行留种、自产自销，以食用干籽粒为主。

27．共合竹豆

【采集地】广西百色市那坡县龙合镇共合村。

【类型及分布】属于豆科豇豆属饭豆种（*Vigna umbellata*），在共合村及附近村镇零星种植。

【主要特征特性】在南宁 7 月初种植，生育期 109 天，蔓生型品种，幼茎红色，主茎绿色，复叶心形，叶脉绿色，叶柄绿色，花黄色，株高 239.7cm，主茎分枝数 3.0个，主茎节数 25.2 节，单株荚数 67.0 个，单荚粒数 9.5 粒，荚长 10.0cm，成熟豆荚黄白色，籽粒长圆形，种皮淡黄色、光亮，百粒重 7.21g，单株产量为 32.8g。

【利用价值】目前直接应用于生产，以粗放种植为主，主要由农户自行留种、自产自销，以食用干籽粒为主。

SB143　2015453348

28．岑山竹豆

【采集地】广西南宁市隆安县布泉乡岑山村。

【类型及分布】属于豆科豇豆属饭豆种（*Vigna umbellata*），在岑山村及附近村镇零星种植。

【主要特征特性】在南宁7月初种植，生育期109天，蔓生型品种，幼茎红色，主茎绿色，复叶心形，叶脉绿色，叶柄绿色，花黄色，株高226.9cm，主茎分枝数1.6个，主茎节数23.1节，单株荚数62.9个，单荚粒数8.6粒，荚长10.1cm，成熟豆荚黄白色，籽粒长圆形，种皮淡黄色、光亮，百粒重8.23g，单株产量为36.4g。

【利用价值】目前直接应用于生产，以粗放种植为主，主要由农户自行留种、自产自销，以食用干籽粒为主。

29. 作登竹豆

【采集地】广西百色市田东县作登瑶族乡新安村。

【类型及分布】属于豆科豇豆属饭豆种（*Vigna umbellata*），在新安村及附近村镇零星种植。

【主要特征特性】在南宁7月初种植，生育期109天，蔓生型品种，幼茎红色，主茎绿色，复叶心形，叶脉绿色，叶柄绿色，花黄色，株高245.0cm，主茎分枝数3.6个，主茎节数25.6节，单株荚数108.0个，单荚粒数9.2粒，荚长10.4cm，成熟豆荚黄白色，籽粒长圆形，种皮橙黄色、光亮，百粒重7.10g，单株产量为58.9g。

【利用价值】目前直接应用于生产，以粗放种植为主，主要由农户自行留种、自产自销，以食用干籽粒为主。

30．河口竹豆

【**采集地**】广西贵港市平南县上渡街道河口村。

【**类型及分布**】属于豆科豇豆属饭豆种（*Vigna umbellata*），在河口村及附近村镇零星种植。

【**主要特征特性**】在南宁 7 月初种植，生育期 109 天，蔓生型品种，幼茎红色，主茎绿色，复叶心形，叶脉绿色，叶柄绿色，花黄色，株高 231.7cm，主茎分枝数 3.0 个，主茎节数 24.0 节，单株荚数 73.3 个，单荚粒数 9.6 粒，荚长 10.1cm，成熟豆荚褐色、镰刀形，籽粒长圆形，种皮淡黄色、光亮，百粒重 6.67g，单株产量为 37.6g。

【**利用价值**】目前直接应用于生产，以粗放种植为主，主要由农户自行留种、自产自销，以食用干籽粒为主。

31. 板花竹豆

【采集地】广西河池市天峨县岜暮乡板花村。

【类型及分布】属于豆科豇豆属饭豆种（*Vigna umbellata*），在板花村及附近村镇零星种植。

【主要特征特性】在南宁 7 月初种植，生育期 109 天，蔓生型品种，幼茎红色，主茎绿色，复叶心形，叶脉绿色，叶柄绿色，花黄色，株高 268.4cm，主茎分枝数 2.3 个，主茎节数 27.4 节，单株荚数 31.4 个，单荚粒数 10.1 粒，荚长 9.6cm，成熟豆荚褐色、镰刀形，籽粒长圆形，种皮橙黄色、光亮，百粒重 6.72g，单株产量为 17.8g。

【利用价值】目前直接应用于生产，以粗放种植为主，主要由农户自行留种、自产自销，以食用干籽粒为主。

32. 仁义竹豆

【**采集地**】广西来宾市合山市河里镇仁义村。

【**类型及分布**】属于豆科豇豆属饭豆种（*Vigna umbellata*），在仁义村及附近村镇零星种植。

【**主要特征特性**】在南宁 7 月初种植，生育期 114 天，蔓生型品种，幼茎红色，主茎绿色，复叶心形，叶脉绿色，叶柄绿色，花黄色，株高 289.2cm，主茎分枝数 2.3 个，主茎节数 30.3 节，单株荚数 135.0 个，单荚粒数 9.2 粒，荚长 10.7cm，成熟豆荚褐色、镰刀形，籽粒长圆形，种皮淡黄色、光亮，百粒重 8.41g，单株产量为 68.4g。

【**利用价值**】目前直接应用于生产，以粗放种植为主，主要由农户自行留种、自产自销，以食用干籽粒为主。

SB151   P451381003

33．常隆竹豆

【采集地】广西防城港市上思县南屏瑶族乡常隆村。

【类型及分布】属于豆科豇豆属饭豆种（*Vigna umbellata*），在常隆村及附近村镇零星种植。

【主要特征特性】在南宁7月初种植，生育期127天，蔓生型品种，幼茎红色，主茎绿色，复叶心形，叶脉绿色，叶柄绿色，花黄色，株高232.5cm，主茎分枝数4.5个，主茎节数24.3节，单株荚数137.5个，单荚粒数9.0粒，荚长9.3cm，成熟豆荚黑色、镰刀形，籽粒长圆形，种皮褐花斑色、光亮，百粒重6.22g，单株产量为58.5g。

【利用价值】目前直接应用于生产，以粗放种植为主，主要由农户自行留种、自产自销，以食用干籽粒为主。

34．葡萄竹豆

【采集地】广西桂林市阳朔县葡萄镇葡萄村。

【类型及分布】属于豆科豇豆属饭豆种（*Vigna umbellata*），在葡萄村及附近村镇零星种植。

【主要特征特性】在南宁 7 月初种植，生育期 110 天，蔓生型品种，幼茎红色，主茎绿色，复叶心形，叶脉绿色，叶柄绿色，花黄色，株高 261.5cm，主茎分枝数 1.8 个，主茎节数 30.3 节，单株荚数 154.4 个，单荚粒数 8.4 粒，荚长 12.5cm，成熟豆荚褐色、镰刀形，籽粒长圆形，种皮淡黄色、光亮，百粒重 14.35g，单株产量为 53.3g。

【利用价值】目前直接应用于生产，以粗放种植为主，主要由农户自行留种、自产自销，以食用干籽粒为主。

35. 清泰竹豆

【采集地】广西桂林市临桂区六塘镇清泰村。

【类型及分布】属于豆科豇豆属饭豆种（*Vigna umbellata*），在清泰村及附近村镇零星种植。

【主要特征特性】在南宁7月初种植，生育期109天，蔓生型品种，幼茎红色，主茎绿色，复叶心形，叶脉绿色，叶柄绿色，花黄色，株高233.3cm，主茎分枝数3.3个，主茎节数23.8节，单株荚数21.7个，单荚粒数7.5粒，荚长12.9cm，成熟豆荚褐色、镰刀形，籽粒长圆形，种皮淡黄色、光亮，百粒重13.73g，单株产量为35.6g。

【利用价值】目前直接应用于生产，以粗放种植为主，主要由农户自行留种、自产自销，以食用干籽粒为主。

36. 晏村竹豆

【采集地】广西钦州市灵山县新圩镇晏村。

【类型及分布】属于豆科豇豆属饭豆种（*Vigna umbellata*），在晏村及附近村镇零星种植。

【主要特征特性】在南宁 7 月初种植，生育期 131 天，蔓生型品种，幼茎红色，主茎绿色，复叶剑形，叶脉绿色，叶柄绿色，花黄色，株高 284.3cm，主茎分枝数 3.2 个，主茎节数 31.1 节，单株荚数 135.7 个，单荚粒数 7.5 粒，荚长 10.2cm，成熟豆荚褐色、镰刀形，籽粒长圆形，种皮淡黄色、光亮，百粒重 7.61g，单株产量为 61.6g。

【利用价值】目前直接应用于生产，种植于荒地或与玉米等作物套种，主要由农户自行留种、自产自销，以食用干籽粒为主。

37．板定竹豆

【采集地】广西河池市都安瑶族自治县百旺镇板定村。

【类型及分布】属于豆科豇豆属饭豆种（*Vigna umbellata*），在板定村及附近村镇零星种植。

【主要特征特性】在南宁7月初种植，生育期95天，蔓生型品种，幼茎红色，主茎绿色，复叶心形，叶脉绿色，叶柄绿色，花黄色，株高200.6cm，主茎分枝数3.2个，主茎节数21.2节，单株荚数88.0个，单荚粒数8.8粒，荚长11.1cm，成熟豆荚褐色、镰刀形，籽粒长圆形，种皮淡黄色、光亮，百粒重6.52g，单株产量为46.0g。

【利用价值】目前直接应用于生产，种植于荒地或与玉米等作物套种，主要由农户自行留种、自产自销，以食用干籽粒为主。

38. 南坳竹豆

【**采集地**】广西桂林市灵川县兰田瑶族乡南坳村。

【**类型及分布**】属于豆科豇豆属饭豆种（*Vigna umbellata*），在南坳村及附近村镇零星种植。

【**主要特征特性**】在南宁7月初种植，生育期109天，蔓生型品种，幼茎红色，主茎绿色，复叶心形，叶脉绿色，叶柄绿色，花黄色，株高227.6cm，主茎分枝数2.4个，主茎节数24.0节，单株荚数87.1个，单荚粒数9.0粒，荚长9.5cm，成熟豆荚褐色、镰刀形，籽粒长圆形，种皮淡黄色、光亮，百粒重6.44g，单株产量为36.7g。

【**利用价值**】目前直接应用于生产，种植于荒地或与玉米等作物套种，主要由农户自行留种、自产自销，以食用干籽粒为主。

39. 马元竹豆

【采集地】广西百色市那坡县龙合镇马元村。

【类型及分布】属于豆科豇豆属饭豆种（*Vigna umbellata*），在马元村及附近村镇零星种植。

【主要特征特性】在南宁 7 月初种植，生育期 95 天，蔓生型品种，幼茎红色，主茎绿色，复叶心形，叶脉绿色，叶柄绿色，花黄色，株高 204.5cm，主茎分枝数 3.3 个，主茎节数 21.3 节，单株荚数 105.0 个，单荚粒数 9.0 粒，荚长 9.3cm，成熟豆荚黄白色、镰刀形，籽粒长圆形，种皮淡黄色、光亮，百粒重 6.74g，单株产量为 42.5g。

【利用价值】目前直接应用于生产，种植于荒地或与玉米等作物套种，主要由农户自行留种、自产自销，以食用干籽粒为主。

40．颁桃竹豆

【采集地】广西河池市大化瑶族自治县共和乡颁桃村。

【类型及分布】属于豆科豇豆属饭豆种（*Vigna umbellata*），在颁桃村及附近村镇零星种植。

【主要特征特性】在南宁7月初种植，生育期109天，蔓生型品种，幼茎红色，主茎绿色，复叶心形，叶脉绿色，叶柄绿色，花黄色，株高242.5cm，主茎分枝数1.5个，主茎节数28.3节，单株荚数76.3个，单荚粒数8.5粒，荚长9.0cm，成熟豆荚黑色、镰刀形，籽粒长圆形，种皮淡黄色、光亮，百粒重7.78g，单株产量为50.9g。

【利用价值】目前直接应用于生产，种植于荒地或与玉米等作物套种，主要由农户自行留种、自产自销，以食用干籽粒为主。

41．介福竹豆

【采集地】广西百色市凌云县逻楼镇介福村。

【类型及分布】属于豆科豇豆属饭豆种（*Vigna umbellata*），在介福村及附近村镇零星种植。

【主要特征特性】在南宁7月初种植，生育期109天，蔓生型品种，幼茎绿色，主茎绿色，复叶心形，叶脉绿色，叶柄绿色，花黄色，株高143.3cm，主茎分枝数0.9个，主茎节数23.4节，单株荚数30.4个，单荚粒数8.3粒，荚长10.1cm，成熟豆荚黑色、镰刀形，籽粒长圆形，种皮红色、光亮，百粒重9.51g，单株产量为18.4g。

【利用价值】目前直接应用于生产，种植于荒地或与玉米等作物套种，主要由农户自行留种、自产自销，以食用干籽粒为主。

42. 长峒饭豆

【采集地】广西河池市东兰县三石镇长峒村。

【类型及分布】属于豆科豇豆属饭豆种（*Vigna umbellata*），在长峒村及附近村镇零星种植。

【主要特征特性】在南宁7月初种植，生育期109天，蔓生型品种，幼茎红色，主茎绿色，复叶心形，叶脉绿色，叶柄绿色，花黄色，株高247.8cm，主茎分枝数3.3个，主茎节数25.8节，单株荚数67.5个，单荚粒数7.0粒，荚长9.8cm，成熟豆荚褐色、镰刀形，籽粒长圆形，种皮红色、光亮，百粒重10.20g，单株产量为42.8g。

【利用价值】目前直接应用于生产，种植于荒地或与玉米等作物套种，主要由农户自行留种、自产自销，以食用干籽粒为主。

43．芝东竹豆1

【采集地】广西柳州市融水苗族自治县红水乡芝东村。

【类型及分布】属于豆科豇豆属饭豆种（*Vigna umbellata*），在芝东村及附近村镇零星种植。

【主要特征特性】在南宁7月初种植，生育期109天，蔓生型品种，幼茎红色，主茎绿色，复叶心形，叶脉绿色，叶柄绿色，花黄色，株高208.7cm，主茎分枝数2.0个，主茎节数20.0节，单株荚数80.8个，单荚粒数10.1粒，荚长9.0cm，成熟豆荚褐色、镰刀形，籽粒长圆形，种皮褐花斑色、光亮，百粒重6.21g，单株产量为32.8g。

【利用价值】目前直接应用于生产，种植于荒地或与玉米等作物套种，主要由农户自行留种、自产自销，以食用干籽粒为主。

SB319　2016451287

44．芝东竹豆 2

【采集地】广西柳州市融水苗族自治县红水乡芝东村。

【类型及分布】属于豆科豇豆属饭豆种（*Vigna umbellata*），在芝东村及附近村镇零星种植。

【主要特征特性】在南宁 7 月初种植，生育期 109 天，蔓生型品种，幼茎红色，主茎绿色，复叶心形，叶脉绿色，叶柄绿色，花黄色，株高 295.8cm，主茎分枝数 4.0 个，主茎节数 31.3 节，单株荚数 51.2 个，单荚粒数 7.7 粒，荚长 10.1cm，成熟豆荚黄白色、镰刀形，籽粒长圆形，种皮暗红色、光亮，百粒重 8.21g，单株产量为 25.7g。

【利用价值】目前直接应用于生产，种植于荒地或与玉米等作物套种，主要由农户自行留种、自产自销，以食用干籽粒为主。

SB059　2016451289

45．黄江竹豆

【采集地】广西桂林市龙胜各族自治县龙脊镇黄江村。

【类型及分布】属于豆科豇豆属饭豆种（*Vigna umbellata*），在黄江村及附近村镇零星种植。

【主要特征特性】在南宁 7 月初种植，生育期 95 天，蔓生型品种，幼茎红色，主茎绿色，复叶心形，叶脉绿色，叶柄绿色，花黄色，株高 215.8cm，主茎分枝数 2.1 个，主茎节数 21.3 节，单株荚数 66.3 个，单荚粒数 8.7 粒，荚长 10.1cm，成熟豆荚褐色、镰刀形，籽粒长圆形，种皮淡黄色、光亮，百粒重 8.00g，单株产量为 37.1g。

【利用价值】目前直接应用于生产，种植于荒地或与玉米等作物套种，主要由农户自行留种、自产自销，以食用干籽粒为主。

SB321　　2016452451

50．寨隆竹豆

【**采集地**】广西柳州市柳城县寨隆镇寨隆村。

【**类型及分布**】属于豆科豇豆属饭豆种（*Vigna umbellata*），在寨隆村及附近村镇零星种植。

【**主要特征特性**】在南宁 7 月初种植，生育期 95 天，蔓生型品种，幼茎红色，主茎绿色，复叶心形，叶脉绿色，叶柄绿色，花黄色，株高 263.5cm，主茎分枝数 3.8 个，主茎节数 28.0 节，单株荚数 69.5 个，单荚粒数 10.2 粒，荚长 10.7cm，成熟豆荚黑色、镰刀形，籽粒长圆形，种皮淡黄色、光亮，百粒重 6.91g，单株产量为 31.9g。

【**利用价值**】目前直接应用于生产，种植于荒地或与玉米等作物套种，主要由农户自行留种、自产自销，以食用干籽粒为主。

SB334　2016451014

51. 者艾竹豆

【采集地】广西百色市隆林各族自治县岩茶乡者艾村。

【类型及分布】属于豆科豇豆属饭豆种（*Vigna umbellata*），在者艾村及附近村镇零星种植。

【主要特征特性】在南宁 7 月初种植，生育期 109 天，蔓生型品种，幼茎红色，主茎绿色，复叶心形，叶脉绿色，叶柄绿色，花黄色，株高 249.3cm，主茎分枝数 2.8 个，主茎节数 25.6 节，单株荚数 42.5 个，单荚粒数 9.2 粒，荚长 11.7cm，成熟豆荚黄白色、镰刀形，籽粒长圆形，种皮淡黄色、光亮，百粒重 10.22g，单株产量为 20.2g。

【利用价值】目前直接应用于生产，种植于荒地或与玉米等作物套种，主要由农户自行留种、自产自销，以食用干籽粒为主。

52．木桐竹豆

【采集地】广西柳州市柳城县大埔镇木桐村。

【类型及分布】属于豆科豇豆属饭豆种（*Vigna umbellata*），在木桐村及附近村镇零星种植。

【主要特征特性】在南宁 7 月初种植，生育期 109 天，蔓生型品种，幼茎红色，主茎绿色，复叶心形，叶脉绿色，叶柄绿色，花黄色，株高 232.4cm，主茎分枝数 3.6 个，主茎节数 24.2 节，单株荚数 80.0 个，单荚粒数 7.6 粒，荚长 9.8cm，成熟豆荚褐色、镰刀形，籽粒长圆形，种皮淡黄色、光亮，百粒重 7.89g，单株产量为 35.4g。

【利用价值】目前直接应用于生产，种植于荒地或与玉米等作物套种，主要由农户自行留种、自产自销，以食用干籽粒为主。

SB336　2016451140

53．平上竹豆

【采集地】广西百色市西林县西平乡平上村。

【类型及分布】属于豆科豇豆属饭豆种（*Vigna umbellata*），在平上村及附近村镇零星种植。

【主要特征特性】在南宁 7 月初种植，生育期 113 天，蔓生型品种，幼茎红色，主茎绿色，复叶剑形，叶脉绿色，叶柄绿色，花黄色，株高 260.0cm，主茎分枝数 4.3 个，主茎节数 28.3 节，单株荚数 130.0 个，单荚粒数 7.5 粒，荚长 9.8cm，成熟豆荚黄白色、镰刀形，籽粒长圆形，种皮褐花斑色、光亮，百粒重 8.11g，单株产量为 58.0g。

【利用价值】目前直接应用于生产，种植于荒地或与玉米等作物套种，主要由农户自行留种、自产自销，以食用干籽粒为主。

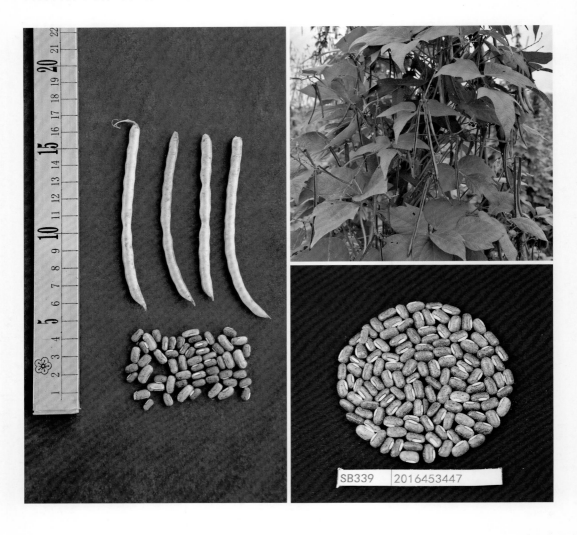

SB339　2016453447

52．木桐竹豆

【采集地】广西柳州市柳城县大埔镇木桐村。

【类型及分布】属于豆科豇豆属饭豆种（*Vigna umbellata*），在木桐村及附近村镇零星种植。

【主要特征特性】在南宁7月初种植，生育期109天，蔓生型品种，幼茎红色，主茎绿色，复叶心形，叶脉绿色，叶柄绿色，花黄色，株高232.4cm，主茎分枝数3.6个，主茎节数24.2节，单株荚数80.0个，单荚粒数7.6粒，荚长9.8cm，成熟豆荚褐色、镰刀形，籽粒长圆形，种皮淡黄色、光亮，百粒重7.89g，单株产量为35.4g。

【利用价值】目前直接应用于生产，种植于荒地或与玉米等作物套种，主要由农户自行留种、自产自销，以食用干籽粒为主。

SB336 2016451140

53. 平上竹豆

【采集地】广西百色市西林县西平乡平上村。

【类型及分布】属于豆科豇豆属饭豆种（*Vigna umbellata*），在平上村及附近村镇零星种植。

【主要特征特性】在南宁7月初种植，生育期113天，蔓生型品种，幼茎红色，主茎绿色，复叶剑形，叶脉绿色，叶柄绿色，花黄色，株高260.0cm，主茎分枝数4.3个，主茎节数28.3节，单株荚数130.0个，单荚粒数7.5粒，荚长9.8cm，成熟豆荚黄白色、镰刀形，籽粒长圆形，种皮褐花斑色、光亮，百粒重8.11g，单株产量为58.0g。

【利用价值】目前直接应用于生产，种植于荒地或与玉米等作物套种，主要由农户自行留种、自产自销，以食用干籽粒为主。

54．新安竹豆

【采集地】广西桂林市荔浦县龙怀乡新安社区。

【类型及分布】属于豆科豇豆属饭豆种（*Vigna umbellata*），在新安社区及附近村镇零星种植。

【主要特征特性】在南宁7月初种植，生育期109天，蔓生型品种，幼茎红色，主茎绿色，复叶心形，叶脉绿色，叶柄绿色，花黄色，株高245.4cm，主茎分枝数2.6个，主茎节数26.8节，单株荚数43.0个，单荚粒数7.1粒，荚长10.1cm，成熟豆荚褐色、镰刀形，籽粒长圆形，种皮淡黄色、光亮，百粒重7.65g，单株产量为21.0g。

【利用价值】目前直接应用于生产，种植于荒地或与玉米等作物套种，主要由农户自行留种、自产自销，以食用干籽粒为主。

SB340　　2016452895

55．大瑶竹豆

【采集地】广西桂林市荔浦县新坪镇大瑶村。

【类型及分布】属于豆科豇豆属饭豆种（*Vigna umbellata*），在大瑶村及附近村镇零星种植。

【主要特征特性】在南宁 7 月初种植，生育期 109 天，蔓生型品种，幼茎红色，主茎绿色，复叶剑形，叶脉绿色，叶柄绿色，花黄色，株高 263.5cm，主茎分枝数 2.8 个，主茎节数 28.5 节，单株荚数 39.5 个，单荚粒数 8.3 粒，荚长 10.0cm，成熟豆荚褐色、镰刀形，籽粒长圆形，种皮淡黄色、光亮，百粒重 7.30g，单株产量为 19.6g。

【利用价值】目前直接应用于生产，种植于荒地或与玉米等作物套种，主要由农户自行留种、自产自销，以食用干籽粒为主。

SB341　2016452842

56.本立饭豆

【采集地】广西南宁市马山县古寨瑶族乡本立村。

【类型及分布】属于豆科豇豆属饭豆种（*Vigna umbellata*），在本立村及附近村镇零星种植。

【主要特征特性】在南宁 7 月初种植，生育期 109 天，蔓生型品种，幼茎红色，主茎绿色，复叶心形，叶脉绿色，叶柄绿色，花黄色，株高 229.6cm，主茎分枝数 2.6 个，主茎节数 24.8 节，单株荚数 45.0 个，单荚粒数 9.5 粒，荚长 11.2cm，成熟豆荚褐色、镰刀形，籽粒长圆形，种皮红色、光亮，百粒重 9.53g，单株产量为 27.4g。

【利用价值】目前直接应用于生产，种植于荒地或与玉米等作物套种，主要由农户自行留种、自产自销，以食用干籽粒为主。

57. 三皇洞竹豆

【采集地】广西桂林市灌阳县水车乡三皇洞村。

【类型及分布】属于豆科豇豆属饭豆种（*Vigna umbellata*），在三皇洞村及附近村镇零星种植。

【主要特征特性】在南宁7月初种植，生育期109天，蔓生型品种，幼茎红色，主茎绿色，复叶心形，叶脉绿色，叶柄绿色，花黄色，株高286.0cm，主茎分枝数1.8个，主茎节数30.2节，单株荚数62.6个，单荚粒数8.8粒，荚长10.6cm，成熟豆荚褐色、镰刀形，籽粒长圆形，种皮淡黄色、光亮，百粒重9.78g，单株产量为36.8g。

【利用价值】目前直接应用于生产，种植于荒地或与玉米等作物套种，主要由农户自行留种、自产自销，以食用干籽粒为主。

58. 良双竹豆

【采集地】广西柳州市融水苗族自治县红水乡良双村。

【类型及分布】属于豆科豇豆属饭豆种（*Vigna umbellata*），在良双村及附近村镇零星种植。

【主要特征特性】在南宁 7 月初种植，生育期 109 天，蔓生型品种，幼茎红色，主茎绿色，复叶剑形，叶脉绿色，叶柄绿色，花黄色，株高 207.7cm，主茎分枝数 2.0 个，主茎节数 22.0 节，单株荚数 27.0 个，单荚粒数 9.3 粒，荚长 10.6cm，成熟豆荚褐色、镰刀形，籽粒长圆形，种皮红色、光亮，百粒重 9.51g，单株产量为 15.0g。

【利用价值】目前直接应用于生产，种植于荒地或与玉米等作物套种，主要由农户自行留种、自产自销，以食用干籽粒为主。

59. 妈蒿竹豆

【采集地】广西百色市西林县古障镇妈蒿村。

【类型及分布】属于豆科豇豆属饭豆种（*Vigna umbellata*），在妈蒿村及附近村镇零星种植。

【主要特征特性】在南宁7月初种植，生育期112天，蔓生型品种，幼茎红色，主茎绿色，复叶心形，叶脉绿色，叶柄绿色，花黄色，株高264.2cm，主茎分枝数3.0个，主茎节数28.6节，单株荚数65.2个，单荚粒数7.1粒，荚长10.8cm，成熟豆荚黄白色、镰刀形，籽粒长圆形，种皮褐花斑色、光亮，百粒重9.42g，单株产量为20.7g。

【利用价值】目前直接应用于生产，种植于荒地或与玉米等作物套种，主要由农户自行留种、自产自销，以食用干籽粒为主。

60．岑城竹豆

【采集地】广西梧州市岑溪市岑城镇城厢社区。

【类型及分布】属于豆科豇豆属饭豆种（*Vigna umbellata*），在岑城镇城厢社区及附近村镇零星种植。

【主要特征特性】在南宁7月初种植，生育期83天，直立型品种，幼茎绿色，主茎绿色，复叶心形，叶脉绿色，叶柄绿色，花黄色，株高62.0cm，主茎分枝数2.7个，主茎节数7.0节，单株荚数38.3个，单荚粒数8.0粒，荚长10.6cm，成熟豆荚褐色、镰刀形，籽粒长圆形，种皮红色、光亮，百粒重6.00g，单株产量为9.9g。

【利用价值】目前直接应用于生产，种植于荒地或与玉米等作物套种，主要由农户自行留种、自产自销，以食用干籽粒为主。

SB352　P450421044

61. 驮林竹豆

【采集地】广西百色市靖西市魁圩乡驮林村。

【类型及分布】属于豆科豇豆属饭豆种（*Vigna umbellata*），在驮林村及附近村镇零星种植。

【主要特征特性】在南宁 7 月初种植，生育期 109 天，蔓生型品种，幼茎红色，主茎绿色，复叶心形，叶脉绿色，叶柄绿色，花黄色，株高 297.0cm，主茎分枝数 1.7 个，主茎节数 31.2 节，单株荚数 35.2 个，单荚粒数 9.3 粒，荚长 10.9cm，成熟豆荚黄白色、镰刀形，籽粒长圆形，种皮淡黄色、光亮，百粒重 8.32g，单株产量为 24.8g。

【利用价值】目前直接应用于生产，种植于荒地或与玉米等作物套种，主要由农户自行留种、自产自销，以食用干籽粒为主。

62. 桥板竹豆

【采集地】广西柳州市融安县桥板乡桥板村。

【类型及分布】属于豆科豇豆属饭豆种（*Vigna umbellata*），在桥板村及附近村镇零星种植。

【主要特征特性】在南宁 7 月初种植，生育期 95 天，蔓生型品种，幼茎红色，主茎绿色，复叶心形，叶脉绿色，叶柄绿色，花黄色，株高 164.3cm，主茎分枝数 2.3 个，主茎节数 17.8 节，单株荚数 31.0 个，单荚粒数 8.8 粒，荚长 8.6cm，成熟豆荚黑色、镰刀形，籽粒长圆形，种皮淡黄色、光亮，百粒重 5.91g，单株产量为 13.7g。

【利用价值】目前直接应用于生产，种植于荒地或与玉米等作物套种，主要由农户自行留种、自产自销，以食用干籽粒为主。

SB354　P450224023

63. 桐棉竹豆

【采集地】广西崇左市宁明县桐棉镇桐棉村。

【类型及分布】属于豆科豇豆属饭豆种（*Vigna umbellata*），在桐棉村及附近村镇零星种植。

【主要特征特性】在南宁 7 月初种植，生育期 109 天，蔓生型品种，幼茎绿色，主茎绿色，复叶剑形，叶脉绿色，叶柄绿色，花黄色，株高 273.9cm，主茎分枝数 2.4 个，主茎节数 29.0 节，单株荚数 50.7 个，单荚粒数 8.1 粒，荚长 10.8cm，成熟豆荚褐色、镰刀形，籽粒长圆形，种皮褐花斑色、光亮，百粒重 9.61g，单株产量为 30.0g。

【利用价值】目前直接应用于生产，种植于荒地或与玉米等作物套种，主要由农户自行留种、自产自销，以食用干籽粒为主。

64. 常怀竹豆

【采集地】广西河池市大化瑶族自治县乙圩乡常怀村。

【类型及分布】属于豆科豇豆属饭豆种（*Vigna umbellata*），在常怀村及附近村镇零星种植。

【主要特征特性】在南宁 7 月初种植，生育期 109 天，蔓生型品种，幼茎红色，主茎绿色，复叶心形，叶脉绿色，叶柄绿色，花黄色，株高 270.2cm，主茎分枝数 2.6 个，主茎节数 28.0 节，单株荚数 63.6 个，单荚粒数 6.7 粒，荚长 8.6cm，成熟豆荚褐色、镰刀形，籽粒长圆形，种皮橙黄色、光亮，百粒重 7.81g，单株产量为 33.2g。

【利用价值】目前直接应用于生产，种植于荒地或与玉米等作物套种，主要由农户自行留种、自产自销，以食用干籽粒为主。

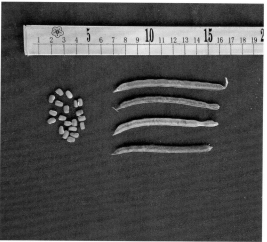
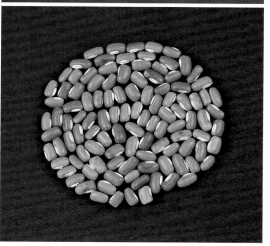

65. 龙南竹豆

【采集地】广西百色市乐业县逻沙乡龙南村。

【类型及分布】属于豆科豇豆属饭豆种（*Vigna umbellata*），在龙南村及附近村镇零星种植。

【主要特征特性】在南宁 7 月初种植，生育期 109 天，蔓生型品种，幼茎红色，主茎绿色，复叶心形，叶脉绿色，叶柄绿色，花黄色，株高 286.0cm，主茎分枝数 3.0 个，主茎节数 31.0 节，单株荚数 71.0 个，单荚粒数 7.0 粒，荚长 10.4cm，成熟豆荚褐色、镰刀形，籽粒长圆形，种皮淡黄色、光亮，百粒重 9.00g，单株产量为 31.9g。

【利用价值】目前直接应用于生产，种植于荒地或与玉米等作物套种，主要由农户自行留种、自产自销，以食用干籽粒为主。

66．敏村竹豆

【采集地】广西百色市凌云县逻楼镇敏村村。

【类型及分布】属于豆科豇豆属饭豆种（*Vigna umbellata*），在敏村村及附近村镇零星种植。

【主要特征特性】在南宁 7 月初种植，生育期 109 天，蔓生型品种，幼茎红色，主茎绿色，复叶心形，叶脉绿色，叶柄绿色，花黄色，株高 219.0cm，主茎分枝数 1.9 个，主茎节数 21.3 节，单株荚数 41.6 个，单荚粒数 8.6 粒，荚长 10.2cm，成熟豆荚褐色、镰刀形，籽粒长圆形，种皮淡黄色、光亮，百粒重 9.43g，单株产量为 24.1g。

【利用价值】目前直接应用于生产，种植于荒地或与玉米等作物套种，主要由农户自行留种、自产自销，以食用干籽粒为主。

67．屯西竹豆

【采集地】广西来宾市金秀瑶族自治县长垌乡道江村屯西屯。

【类型及分布】属于豆科豇豆属饭豆种（*Vigna umbellata*），在道江村及附近村镇零星种植。

【主要特征特性】在南宁7月初种植，生育期112天，蔓生型品种，幼茎红色，主茎绿色，复叶心形，叶脉绿色，叶柄绿色，花黄色，株高270.8cm，主茎分枝数4.0个，主茎节数28.3节，单株荚数42.0个，单荚粒数7.7粒，荚长11.7cm，成熟豆荚褐色、镰刀形，籽粒长圆形，种皮淡黄色、光亮，百粒重10.21g，单株产量为28.7g。

【利用价值】目前直接应用于生产，种植于荒地或与玉米等作物套种，主要由农户自行留种、自产自销，以食用干籽粒为主。

SB362　P451324025

68.大列竹豆

【采集地】广西百色市田阳区五村镇大列村。

【类型及分布】属于豆科豇豆属饭豆种（*Vigna umbellata*），在大列村及附近村镇零星种植。

【主要特征特性】在南宁7月初种植，生育期95天，蔓生型品种，幼茎红色，主茎绿色，复叶心形，叶脉绿色，叶柄绿色，花黄色，株高267.1cm，主茎分枝数2.6个，主茎节数24.0节，单株荚数141.0个，单荚粒数7.8粒，荚长9.3cm，成熟豆荚黄白色、镰刀形，籽粒长圆形，种皮橙黄色、光亮，百粒重7.30g，单株产量为59.6g。

【利用价值】目前直接应用于生产，种植于荒地或与玉米等作物套种，主要由农户自行留种、自产自销，以食用干籽粒为主。

SB361　P451021022

69．享利饭豆

【采集地】广西百色市平果市同老乡享利村。

【类型及分布】属于豆科豇豆属饭豆种（*Vigna umbellata*），在享利村及附近村镇零星种植。

【主要特征特性】在南宁 7 月初种植，生育期 76 天，蔓生型品种，幼茎绿色，主茎绿色，复叶心形，叶脉绿色，叶柄绿色，花黄色，株高 258.0cm，主茎分枝数 4.0 个，主茎节数 24.7 节，单株荚数 67.2 个，单荚粒数 8.7 粒，荚长 7.7cm，成熟豆荚褐色、镰刀形，籽粒长圆形，种皮黑色、光亮，百粒重 7.89g，单株产量为 38.5g。

【利用价值】目前直接应用于生产，种植于荒地或与玉米等作物套种，主要由农户自行留种、自产自销，以食用干籽粒为主。

70. 龙来竹豆

【采集地】广西百色市平果市马头镇龙来村。

【类型及分布】属于豆科豇豆属饭豆种（*Vigna umbellata*），在龙来村及附近村镇零星种植。

【主要特征特性】在南宁 7 月初种植，生育期 126 天，蔓生型品种，幼茎红色，主茎绿色，复叶心形，叶脉绿色，叶柄绿色，花黄色，株高 228.7cm，主茎分枝数 4.3 个，主茎节数 24.3 节，单株荚数 130.0 个，单荚粒数 7.9 粒，荚长 6.6cm，成熟豆荚黑色、镰刀形，籽粒长圆形，种皮褐花斑色、光亮，百粒重 2.44g，单株产量为 37.8g。

【利用价值】目前直接应用于生产，种植于荒地或与玉米等作物套种，主要由农户自行留种、自产自销，以食用干籽粒为主。

71．桃城竹豆 1

【采集地】广西崇左市大新县桃城镇桃源社区。

【类型及分布】属于豆科豇豆属饭豆种（*Vigna umbellata*），在桃城镇及附近村镇零星种植。

【主要特征特性】在南宁 7 月初种植，生育期 109 天，蔓生型品种，幼茎红色，主茎绿色，复叶心形，叶脉绿色，叶柄绿色，花黄色，株高 274.5cm，主茎分枝数 4.0 个，主茎节数 28.5 节，单株荚数 142.8 个，单荚粒数 8.9 粒，荚长 7.1cm，成熟豆荚黑色、镰刀形，籽粒长圆形，种皮褐花斑色、光亮，百粒重 4.21g，单株产量为 51.7g。

【利用价值】目前直接应用于生产，种植于荒地或与玉米等作物套种，主要由农户自行留种、自产自销，以食用干籽粒为主。

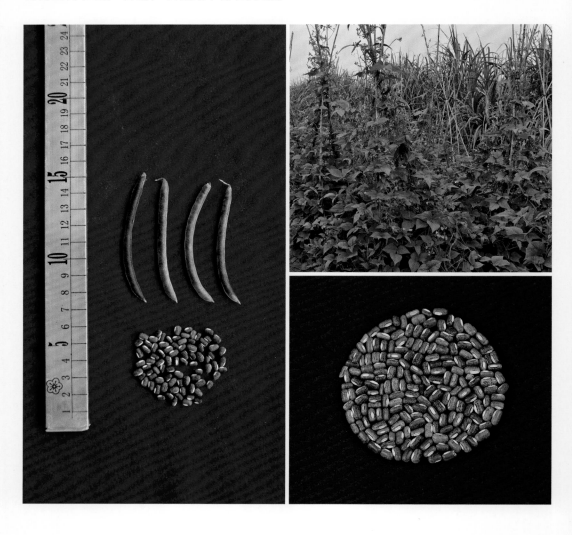

72．桃城竹豆 2

【采集地】广西崇左市大新县桃城镇桃源社区。

【类型及分布】属于豆科豇豆属饭豆种（*Vigna umbellata*），在桃城镇及附近村镇零星种植。

【主要特征特性】在南宁 7 月初种植，生育期 109 天，蔓生型品种，幼茎红色，主茎绿色，复叶心形，叶脉绿色，叶柄绿色，花黄色，株高 185.3cm，主茎分枝数 3.8 个，主茎节数 21.5 节，单株荚数 46.9 个，单荚粒数 7.8 粒，荚长 8.2cm，成熟豆荚黄白色、镰刀形，籽粒长圆形，种皮橙黄色、光亮，百粒重 4.89g，单株产量为 32.4g。

【利用价值】目前直接应用于生产，种植于荒地或与玉米等作物套种，主要由农户自行留种、自产自销，以食用干籽粒为主。

73．老鼠屎豆

【采集地】广西贺州市富川瑶族自治县福利镇福利村。

【类型及分布】属于豆科豇豆属饭豆种（*Vigna umbellata*），在福利村及附近村镇零星种植。

【主要特征特性】在南宁 7 月初种植，生育期 109 天，蔓生型品种，幼茎红色，主茎绿色，复叶心形，叶脉绿色，叶柄绿色，花黄色，株高 263.5cm，主茎分枝数 4.2 个，主茎节数 27.2 节，单株荚数 65.0 个，单荚粒数 6.5 粒，荚长 10.7cm，成熟豆荚褐色、镰刀形，籽粒长圆形，种皮红色、光亮，百粒重 12.11g，单株产量为 73.5g。

【利用价值】目前直接应用于生产，种植于荒地或与玉米等作物套种，主要由农户自行留种、自产自销，以食用干籽粒为主。

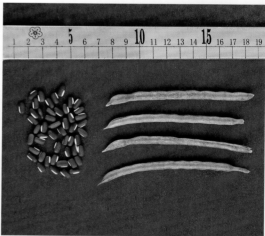

74．永平饭豆

【采集地】广西河池市都安瑶族自治县东庙乡永平村。

【类型及分布】属于豆科豇豆属饭豆种（*Vigna umbellata*），在永平村及附近村镇零星种植。

【主要特征特性】在南宁 7 月初种植，生育期 109 天，蔓生型品种，幼茎红色，主茎绿色，复叶心形，叶脉绿色，叶柄绿色，花黄色，株高 211.0cm，主茎分枝数 3.8 个，主茎节数 22.6 节，单株荚数 76.0 个，单荚粒数 8.7 粒，荚长 8.3cm，成熟豆荚黑色、镰刀形，籽粒长圆形，种皮褐花斑色、光亮，百粒重 2.61g，单株产量为 17.8g。

【利用价值】目前直接应用于生产，种植于荒地或与玉米等作物套种，主要由农户自行留种、自产自销，以食用干籽粒为主。

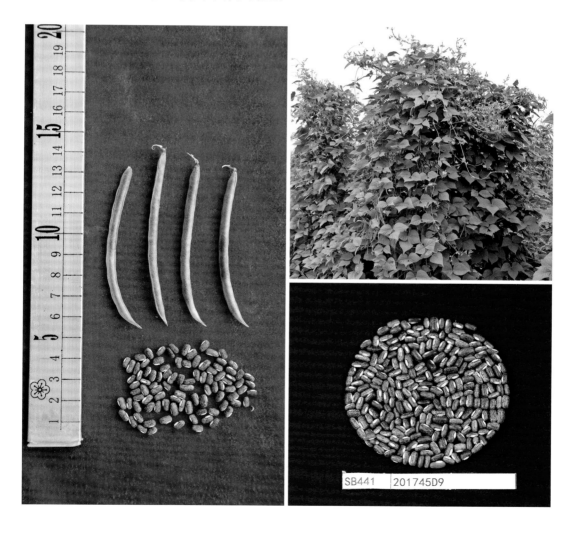

SB441 201745D9

75．陇浩饭豆

【采集地】广西百色市凌云县泗城镇陇浩村。

【类型及分布】属于豆科豇豆属饭豆种（*Vigna umbellata*），在陇浩村及附近村镇零星种植。

【主要特征特性】在南宁7月初种植，生育期109天，蔓生型品种，幼茎红色，主茎绿色，复叶心形，叶脉绿色，叶柄绿色，花黄色，株高204.0cm，主茎分枝数2.0个，主茎节数22.2节，单株荚数28.0个，单荚粒数8.8粒，荚长8.2cm，成熟豆荚褐色、镰刀形，籽粒长圆形，种皮褐花斑色、光亮，百粒重5.42g，单株产量为20.5g。

【利用价值】目前直接应用于生产，种植于荒地或与玉米等作物套种，主要由农户自行留种、自产自销，以食用干籽粒为主。

第三节 豇豆种质资源

豇豆（*Vigna unguiculata*）属于豆科（Leguminosae）蝶形花亚科（Papilionoideae）豇豆属，又名豆角、裙带豆、饭豆、蔓豆等，英文名cowpea。本节介绍的豇豆均为豇豆栽培种中的普通豇豆亚种。本次豇豆种质资源调查收集的样本数为148份，分布较为广泛，在全区范围内均有种植，资源份数较多，主要分布在百色市的隆林各族自治县、那坡县、凌云县，河池市的大化瑶族自治县、都安瑶族自治县等地，海拔分布为32～1496m。分别于2017年、2018年在南宁市武鸣区广西农业科学院里建科研基地进行田间试验鉴定，参照《豇豆种质资源描述规范和数据标准》进行评价，主要调查了生长习性、生育期、花色、株高、主茎分枝数、单株荚数、单荚粒数、荚色、荚长、荚形、粒形、粒色、百粒重等农艺性状。根据田间鉴定的特异性、优良性状筛选出优异种质资源。

本节介绍57份豇豆优异种质资源。在介绍豇豆种质资源的信息中，【主要特征特性】所列农艺性状数据均为2017年、2018年田间鉴定数据的平均值。

1．板定豇豆

【采集地】广西河池市都安瑶族自治县百旺镇板定村。

【类型及分布】属于豆科豇豆属豇豆栽培种中的普通豇豆（*Vigna unguiculata*），在板定村及附近村镇零星种植。

【主要特征特性】在南宁6月底种植，生育期73天，蔓生型品种，花紫色，株高318.6cm，主茎分枝数3.4个，单株荚数18.3个，单荚粒数11.7粒，荚长24.3cm，成熟豆荚黄白色、圆筒形，籽粒肾形，种皮橙色，百粒重16.95g，单株产量为29.5g。

【利用价值】目前直接应用于生产，一般4月左右播种，6月收获，以粗放种植为主，主要由农户自行留种、自产自销，以食用干籽粒为主。

2. 西山八月豆

【采集地】广西河池市巴马瑶族自治县西山乡。

【类型及分布】属于豆科豇豆属豇豆栽培种中的普通豇豆（*Vigna unguiculata*），在西山乡及附近村镇零星种植。

【主要特征特性】在南宁6月底种植，生育期89天，蔓生型品种，花紫色，株高353.9cm，主茎分枝数2.0个，单株荚数10.7个，单荚粒数13.5粒，荚长19.4cm，成熟豆荚黄白色、扁圆条形，籽粒肾形，种皮橙色，百粒重16.60g，单株产量为14.7g。

【利用价值】目前直接应用于生产，一般6月种植，8月收获，以粗放种植为主，主要由农户自行留种、自产自销，以食用嫩荚和籽粒为主。

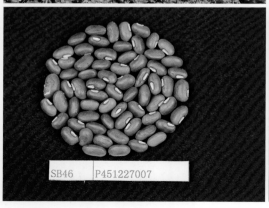
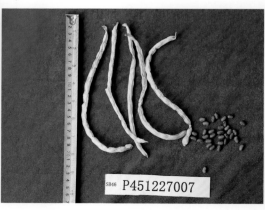

3. 岭南八月豆

【**采集地**】广西来宾市合山市岭南镇。

【**类型及分布**】属于豆科豇豆属豇豆栽培种中的普通豇豆（*Vigna unguiculata*），在岭南镇及附近村镇零星种植。

【**主要特征特性**】在南宁 6 月底种植，生育期 73 天，蔓生型品种，花紫色，株高 333.2cm，主茎分枝数 2.4 个，单株荚数 18.0 个，单荚粒数 13.8 粒，荚长 19.4cm，成熟豆荚黄白色、扁圆条形，籽粒肾形，种皮橙色，百粒重 15.70g，单株产量为27.5g。

【**利用价值**】目前直接应用于生产，一般 6 月左右种植，8 月收获，以粗放种植为主，主要由农户自行留种、自产自销，以食用嫩荚和籽粒为主。

4. 补塘饭豆

【采集地】广西南宁市宾阳县黎塘镇补塘村。

【类型及分布】属于豆科豇豆属豇豆栽培种中的普通豇豆（*Vigna unguiculata*），在补塘村及附近村镇零星种植。

【主要特征特性】在南宁6月底种植，生育期67天，蔓生型品种，花紫色，株高245.0cm，主茎分枝数1.6个，单株荚数27.9个，单荚粒数14.9粒，荚长15.0cm，成熟豆荚黄白色、圆筒形，籽粒球形，种皮橙色，百粒重16.45g，单株产量为44.7g。

【利用价值】目前直接应用于生产，以粗放种植为主，主要由农户自行留种、自产自销，以食用干籽粒为主。

5. 同安饭豆

【采集地】广西桂林市平乐县同安镇。

【类型及分布】属于豆科豇豆属豇豆栽培种中的普通豇豆（*Vigna unguiculata*），在同安镇及附近村镇零星种植。

【主要特征特性】在南宁6月底种植，生育期73天，蔓生型品种，花紫色，株高260.9cm，主茎分枝数3.6个，单株荚数21.1个，单荚粒数15.1粒，荚长16.2cm，成熟豆荚黄白色、圆筒形，籽粒近三角形，种皮橙色，百粒重19.59g，单株产量为41.6g。

【利用价值】目前直接应用于生产，以粗放种植为主，主要由农户自行留种、自产自销，以食用干籽粒为主。

6. 妙田红豆

【采集地】广西河池市都安瑶族自治县百旺镇妙田村。

【类型及分布】属于豆科豇豆属豇豆栽培种中的普通豇豆（*Vigna unguiculata*），在妙田村及附近村镇零星种植。

【主要特征特性】在南宁6月底种植，生育期73天，蔓生型品种，花紫色，株高234.6cm，主茎分枝数1.4个，单株荚数24.5个，单荚粒数12.9粒，荚长14.1cm，成熟豆荚黄白色、圆筒形，籽粒球形，种皮橙色，百粒重16.25g，单株产量为39.5g。

【利用价值】目前直接应用于生产，与玉米等作物套种，以粗放种植为主，主要由农户自行留种、自产自销，以食用干籽粒为主。

7. 横岭红饭豆

【采集地】广西南宁市上林县乔贤镇横岭村。

【类型及分布】属于豆科豇豆属豇豆栽培种中的普通豇豆（*Vigna unguiculata*），在横岭村及附近村镇零星种植。

【主要特征特性】在南宁 6 月底种植，生育期 69 天，蔓生型品种，花紫色，株高 300.0cm，主茎分枝数 1.8 个，单株荚数 25.9 个，单荚粒数 14.4 粒，荚长 14.7cm，成熟豆荚黄白色、圆筒形，籽粒球形，种皮橙色，百粒重 15.56g，单株产量为 40.5g。

【利用价值】目前直接应用于生产，以粗放种植为主，主要由农户自行留种、自产自销，以食用干籽粒为主。

8. 岜森黑饭豆

【采集地】广西南宁市上林县塘红乡岜森村。

【类型及分布】属于豆科豇豆属豇豆栽培种中的普通豇豆（*Vigna unguiculata*），在岜森村及附近村镇零星种植。

【主要特征特性】在南宁 6 月底种植，生育期 73 天，蔓生型品种，花紫色，株高 379.0cm，主茎分枝数 2.4 个，单株荚数 23.6 个，单荚粒数 14.5 粒，荚长 18.3cm，成熟豆荚黄白色、圆筒形，籽粒肾形，种皮黑色，百粒重 12.37g，单株产量为 28.8g。

【利用价值】目前直接应用于生产，以粗放种植为主，主要由农户自行留种、自产自销，以食用干籽粒为主。

9. 建高黑饭豆

【采集地】广西河池市都安瑶族自治县三只羊乡建高村。

【类型及分布】属于豆科豇豆属豇豆栽培种中的普通豇豆（*Vigna unguiculata*），在建高村及附近村镇零星种植。

【主要特征特性】在南宁 6 月底种植，生育期 73 天，蔓生型品种，花紫色，株高 350.2cm，主茎分枝数 3.8 个，单株荚数 18.4 个，单荚粒数 13.2 粒，荚长 19.5cm，成熟豆荚黄白色、圆筒形，籽粒肾形，种皮黑色，百粒重 14.15g，单株产量为 25.4g。

【利用价值】目前直接应用于生产，春玉米收获前套种于玉米地中，以粗放种植为主，主要由农户自行留种、自产自销，以食用干籽粒为主。

10．建高红饭豆

【采集地】广西河池市都安瑶族自治县三只羊乡建高村。

【类型及分布】属于豆科豇豆属豇豆栽培种中的普通豇豆（*Vigna unguiculata*），在建高村及附近村镇零星种植。

【主要特征特性】在南宁 6 月底种植，生育期 81 天，蔓生型品种，花紫色，株高 339.3cm，主茎分枝数 2.8 个，单株荚数 19.6 个，单荚粒数 14.7 粒，荚长 20.4cm，成熟豆荚黄白色、圆筒形，籽粒肾形，种皮橙色，百粒重 14.32g，单株产量为 27.1g。

【利用价值】目前直接应用于生产，春玉米收获前套种于玉米地中，以粗放种植为主，主要由农户自行留种、自产自销，以食用干籽粒为主。

11．岑沙本地豇豆

【采集地】广西来宾市忻城县红渡镇雷洞村。

【类型及分布】属于豆科豇豆属豇豆栽培种中的普通豇豆（*Vigna unguiculata*），在雷洞村及附近村镇零星种植。

【主要特征特性】在南宁6月底种植，生育期71天，蔓生型品种，花紫色，株高277.5cm，主茎分枝数3.1个，单株荚数27.0个，单荚粒数13.7粒，荚长15.2cm，成熟豆荚黄白色、圆筒形，籽粒矩圆形，种皮橙色，百粒重10.67g，单株产量为29.4g。

【利用价值】目前直接应用于生产，以粗放种植为主，主要由农户自行留种、自产自销，以食用干籽粒为主。

16．那驮饭豆

【采集地】广西钦州市灵山县太平镇那驮村。

【类型及分布】属于豆科豇豆属豇豆栽培种中的普通豇豆（*Vigna unguiculata*），在那驮村及附近村镇零星种植。

【主要特征特性】在南宁6月底种植，生育期73天，蔓生型品种，花白色，株高262.7cm，主茎分枝数1.8个，单株荚数30.9个，单荚粒数14.7粒，荚长16.3cm，成熟豆荚黄橙色、圆筒形，籽粒肾形，种皮白色，百粒重12.53g，单株产量为43.6g。

【利用价值】目前直接应用于生产，以粗放种植为主，主要由农户自行留种、自产自销，以食用干籽粒为主。

17. 浦门饭豆

【采集地】广西崇左市凭祥市夏石镇浦门村。

【类型及分布】属于豆科豇豆属豇豆栽培种中的普通豇豆（*Vigna unguiculata*），在浦门村及附近村镇零星种植。

【主要特征特性】在南宁6月底种植，生育期71天，蔓生型品种，花白色，株高360.1cm，主茎分枝数3.7个，单株荚数25.2个，单荚粒数11.8粒，荚长13.6cm，成熟豆荚褐色、圆筒形，籽粒肾形，种皮白色，百粒重10.37g，单株产量为27.0g。

【利用价值】目前直接应用于生产，以粗放种植为主，主要由农户自行留种、自产自销，以食用干籽粒为主。

18. 公正饭豆

【采集地】广西防城港市上思县公正乡公正村。

【类型及分布】属于豆科豇豆属豇豆栽培种中的普通豇豆（*Vigna unguiculata*），在公正村及附近村镇零星种植。

【主要特征特性】在南宁 6 月底种植，生育期 73 天，蔓生型品种，花白色，株高 338.1cm，主茎分枝数 3.0 个，单株荚数 26.5 个，单荚粒数 13.6 粒，荚长 15.9cm，成熟豆荚黄白色、圆筒形，籽粒肾形，种皮白色，百粒重 11.92g，单株产量为 32.4g。

【利用价值】目前直接应用于生产，以粗放种植为主，主要由农户自行留种、自产自销，以食用干籽粒为主。

19. 西隆白饭豆

【采集地】广西河池市都安瑶族自治县三只羊乡西隆村。

【类型及分布】属于豆科豇豆属豇豆栽培种中的普通豇豆（*Vigna unguiculata*），在西隆村及附近村镇零星种植。

【主要特征特性】在南宁6月底种植，生育期81天，蔓生型品种，花白色，株高325.2cm，主茎分枝数2.6个，单株荚数13.8个，单荚粒数15.2粒，荚长20.3cm，成熟豆荚黄白色、圆筒形，籽粒肾形，种皮白色，百粒重14.78g，单株产量为15.6g。

【利用价值】目前直接应用于生产，以粗放种植为主，主要由农户自行留种、自产自销，以食用干籽粒为主。

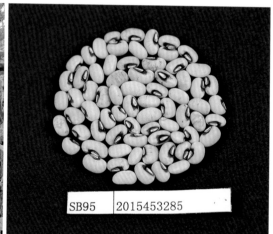

20. 西隆黑饭豆

【采集地】广西河池市都安瑶族自治县三只羊乡西隆村。

【类型及分布】属于豆科豇豆属豇豆栽培种中的普通豇豆（*Vigna unguiculata*），在西隆村及附近村镇零星种植。

【主要特征特性】在南宁6月底种植，生育期81天，蔓生型品种，花紫色，株高376.3cm，主茎分枝数3.5个，单株荚数18.5个，单荚粒数13.1粒，荚长18.4cm，成熟豆荚黄白色、圆筒形，籽粒肾形，种皮黑色，百粒重14.11g，单株产量为23.0g。

【利用价值】目前直接应用于生产，以粗放种植为主，主要由农户自行留种、自产自销，以食用干籽粒为主。

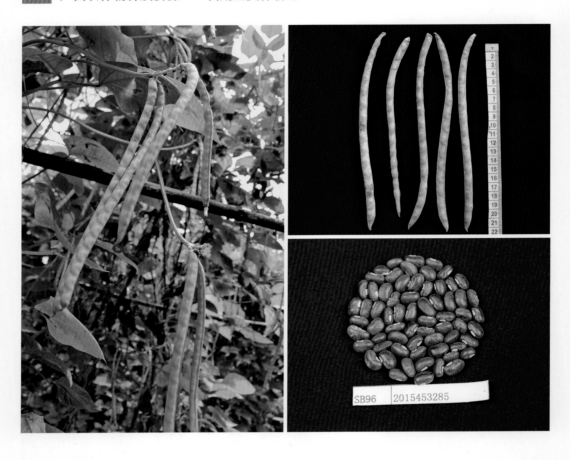

21. 大里饭豆

【采集地】广西玉林市北流市大里镇大里村。

【类型及分布】属于豆科豇豆属豇豆栽培种中的普通豇豆（*Vigna unguiculata*），在大里村及附近村镇零星种植。

【主要特征特性】在南宁6月底种植，生育期66天，蔓生型品种，花白色，株高333.2cm，主茎分枝数2.4个，单株荚数57.6个，单荚粒数11.1粒，

荚长16.9cm，成熟豆荚黄白色、圆筒形，籽粒肾形，种皮白色，百粒重17.78g，单株产量为39.2g。

【利用价值】目前直接应用于生产，以粗放种植为主，主要由农户自行留种、自产自销，以食用干籽粒为主。

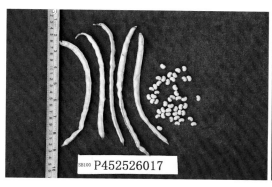

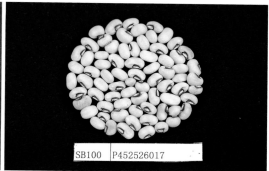

22．普权饭豆

【采集地】广西南宁市隆安县都结乡普权村。

【类型及分布】属于豆科豇豆属豇豆栽培种中的普通豇豆（*Vigna unguiculata*），在普权村及附近村镇零星种植。

【主要特征特性】在南宁 6 月底种植，生育期 81 天，蔓生型品种，花白色，株高 353.1cm，主茎分枝数 3 个，单株荚数 20.8 个，单荚粒数 16.4 粒，荚长 20.3cm，成熟豆荚黄白色、圆筒形，籽粒肾形，种皮白色，百粒重 13.05g，单株产量为 30.0g。

【利用价值】目前直接应用于生产，以粗放种植为主，主要由农户自行留种、自产自销，以食用干籽粒为主。

23. 梅林饭豆

【采集地】广西百色市田东县作登瑶族乡梅林村。

【类型及分布】属于豆科豇豆属豇豆栽培种中的普通豇豆（*Vigna unguiculata*），在梅林村及附近村镇零星种植。

【主要特征特性】在南宁6月底种植，生育期81天，蔓生型品种，花紫色，株高318.2cm，主茎分枝数2.4个，单株荚数21.5个，单荚粒数15.7粒，荚长17.8cm，成熟豆荚黄白色、圆筒形，籽粒肾形，种皮白色，百粒重11.55g，单株产量为27.6g。

【利用价值】目前直接应用于生产，以粗放种植为主，主要由农户自行留种、自产自销，以食用干籽粒为主。

24. 百旺黑饭豆

【**采集地**】广西河池市都安瑶族自治县百旺镇百旺社区。

【**类型及分布**】属于豆科豇豆属豇豆栽培种中的普通豇豆（*Vigna unguiculata*），在百旺社区及附近村镇零星种植。

【**主要特征特性**】在南宁6月底种植，生育期73天，蔓生型品种，花紫色，株高265.3cm，主茎分枝数3个，单株荚数21.3个，单荚粒数12.8粒，荚长15.4cm，成熟豆荚褐色、圆筒形，籽粒肾形，种皮黑色，百粒重10.75g，单株产量为26.2g。

【**利用价值**】目前直接应用于生产，以粗放种植为主，主要由农户自行留种、自产自销，以食用干籽粒为主。

25．枯娄饭豆

【采集地】广西防城港市上思县公正乡枯娄村。

【类型及分布】属于豆科豇豆属豇豆栽培种中的普通豇豆（*Vigna unguiculata*），在枯娄村及附近村镇零星种植。

【主要特征特性】在南宁6月底种植，生育期71天，蔓生型品种，花紫色，株高322.9cm，主茎分枝数2.7个，单株荚数18.0个，单荚粒数12.1粒，荚长15.5cm，成熟豆荚黄白色、圆筒形，籽粒肾形，种皮黑色，百粒重12.35g，单株产量为23.1g。

【利用价值】目前直接应用于生产，以粗放种植为主，主要由农户自行留种、自产自销，以食用干籽粒为主。

26．西江土黑豆

【采集地】广西来宾市忻城县红渡镇西江村。

【类型及分布】属于豆科豇豆属豇豆栽培种中的普通豇豆（*Vigna unguiculata*），在西江村及附近村镇零星种植。

【主要特征特性】在南宁 6 月底种植，生育期 65 天，蔓生型品种，花紫色，株高 307.2cm，主茎分枝数 2.2 个，单株荚数 24.3 个，单荚粒数 14.3 粒，荚长 18.1cm，成熟豆荚黄白色、圆筒形，籽粒肾形，种皮黑色，百粒重 12.89g，单株产量为 33.3g。

【利用价值】目前直接应用于生产，以粗放种植为主，主要由农户自行留种、自产自销，以食用干籽粒为主。

27. 渠齐豇豆

【采集地】广西崇左市扶绥县柳桥镇渠齐村。

【类型及分布】属于豆科豇豆属豇豆栽培种中的普通豇豆（*Vigna unguiculata*），在渠齐村及附近村镇零星种植。

【主要特征特性】在南宁 6 月底种植，生育期 65 天，蔓生型品种，花白色，株高 325.7cm，主茎分枝数 2.4 个，单株荚数 24.1 个，单荚粒数 15.0 粒，荚长 18.2cm，成熟豆荚黄白色、圆筒形，籽粒肾形，种皮白色，百粒重 11.89g，单株产量为 37.7g。

【利用价值】目前直接应用于生产，以粗放种植为主，主要由农户自行留种、自产自销，以食用干籽粒为主。

28．上油饭豆

【采集地】广西柳州市柳城县太平镇上油村。

【类型及分布】属于豆科豇豆属豇豆栽培种中的普通豇豆（*Vigna unguiculata*），在上油村及附近村镇零星种植。

【主要特征特性】在南宁 6 月底种植，生育期 73 天，蔓生型品种，花白色，株高 338.5cm，主茎分枝数 3 个，单株荚数 18.1 个，单荚粒数 13.7 粒，荚长 18.6cm，成熟豆荚黄白色、圆筒形，籽粒肾形，种皮白色，百粒重 15.05g，单株产量为 33.1g。

【利用价值】目前直接应用于生产，以粗放种植为主，主要由农户自行留种、自产自销，以食用干籽粒为主。

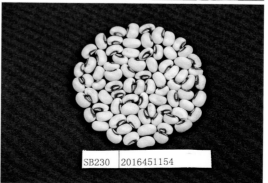

29. 刘家坪豇豆

【采集地】广西桂林市灌阳县西山瑶族乡罗家村。

【类型及分布】属于豆科豇豆属豇豆栽培种中的普通豇豆（*Vigna unguiculata*），在罗家村及附近村镇零星种植。

【主要特征特性】在南宁6月底种植，生育期68天，蔓生型品种，花紫色，株高328.0cm，主茎分枝数2.9个，单株荚数26.3个，单荚粒数16.1粒，荚长26.7cm，成熟豆荚黄白色、圆筒形，籽粒肾形，种皮白色，百粒重16.25g，单株产量为38.2g。

【利用价值】目前直接应用于生产，以粗放种植为主，主要由农户自行留种、自产自销，以食用干籽粒为主。

 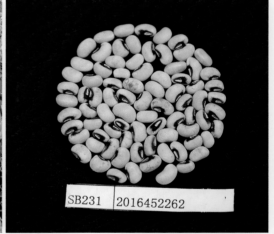

SB231   2016452262

30. 坡皿饭豆

【采集地】广西百色市西林县八达镇坡皿村。

【类型及分布】属于豆科豇豆属豇豆栽培种中的普通豇豆（*Vigna unguiculata*），在坡皿村及附近村镇零星种植。

【主要特征特性】在南宁6月底种植，生育期73天，蔓生型品种，花白色，株高413.7cm，主茎分枝数3.3个，单株荚数20.0个，单荚粒数16.3粒，荚长18.8cm，成熟豆荚黄白色、圆筒形，籽粒肾形，种皮白色，百粒重8.85g，单株产量为22.8g。

【利用价值】目前直接应用于生产，以粗放种植为主，主要由农户自行留种、自产自销，以食用干籽粒为主。

31. 良双饭豆

【**采集地**】广西柳州市融水苗族自治县红水乡良双村。

【**类型及分布**】属于豆科豇豆属豇豆栽培种中的普通豇豆（*Vigna unguiculata*），在良双村及附近村镇零星种植。

【**主要特征特性**】在南宁6月底种植，生育期89天，蔓生型品种，花紫色，株高418.8cm，主茎分枝数1.9个，单株荚数18.6个，单荚粒数17.6粒，荚长19.6cm，成熟豆荚黄橙色、圆筒形，籽粒矩圆形，种皮橙底褐花色，百粒重12.91g，单株产量为32.2g。

【利用价值】目前直接应用于生产，以粗放种植为主，主要由农户自行留种、自产自销，以食用干籽粒为主。

SB233　2016451283

32. 水力黑豆

【采集地】广西河池市大化瑶族自治县共和乡水力村。

【类型及分布】属于豆科豇豆属豇豆栽培种中的普通豇豆（*Vigna unguiculata*），在水力村及附近村镇零星种植。

【主要特征特性】在南宁 6 月底种植，生育期 73 天，蔓生型品种，花紫色，株高 388.9cm，主茎分枝数 2.5 个，单株荚数 25.1 个，单荚粒数 15.8 粒，荚长 17.2cm，成熟豆荚黄白色、圆筒形，籽粒肾形，种皮黑色，百粒重 13.45g，单株产量为 37.7g。

【利用价值】目前直接应用于生产，以粗放种植为主，主要由农户自行留种、自产自销，以食用干籽粒为主。

SB238 | 2016453171

33. 三茶饭豆

【采集地】广西桂林市资源县梅溪乡三茶村。

【类型及分布】属于豆科豇豆属豇豆栽培种中的普通豇豆（*Vigna unguiculata*），在三茶村及附近村镇零星种植。

【主要特征特性】在南宁6月底种植，生育期73天，蔓生型品种，花白色，株高401.6cm，主茎分枝数3.1个，单株荚数38.8个，单荚粒数14.2粒，荚长18.2cm，成熟豆荚黄白色、圆筒形，籽粒肾形，种皮白色，百粒重16.65g，单株产量为54.2g。

【利用价值】目前直接应用于生产，以粗放种植为主，主要由农户自行留种、自产自销，以食用干籽粒为主。

34. 秀风八月豆

【采集地】广西桂林市灌阳县灌阳镇秀风村。

【类型及分布】属于豆科豇豆属豇豆栽培种中的普通豇豆（*Vigna unguiculata*），在秀风村及附近村镇零星种植。

【主要特征特性】在南宁 6 月底种植，生育期 81 天，蔓生型品种，花紫色，株高

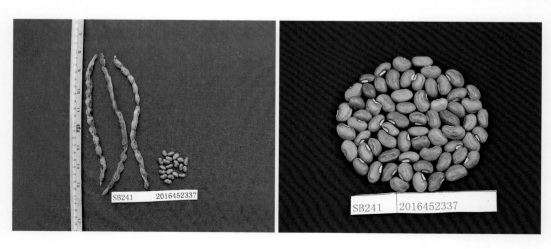

349.4cm，主茎分枝数 1.5 个，单株荚数 10.3 个，单荚粒数 13.8 粒，荚长 17.6cm，嫩荚紫红色、成熟豆荚紫褐色、扁圆条形，籽粒肾形，种皮橙色，百粒重 14.6g，单株产量为 18.8g。

【利用价值】目前直接应用于生产，以粗放种植为主，主要由农户自行留种、自产自销，以食用嫩荚和籽粒为主。

35. 翻身八月豆

【采集地】广西桂林市灌阳县灌阳镇翻身村。

【类型及分布】属于豆科豇豆属豇豆栽培种中的普通豇豆（*Vigna unguiculata*），在翻身村及附近村镇零星种植。

【主要特征特性】在南宁 6 月底种植，生育期 63 天，蔓生型品种，花紫色，株高 349.2cm，主茎分枝数 2.3 个，单株荚数 17.4 个，单荚粒数 17.7 粒，荚长 28.9cm，成熟豆荚黄橙色、长圆条形，籽粒肾形，种皮橙白双色，百粒重 17.11g，单株产量为 37.7g。

【利用价值】目前直接应用于生产，以粗放种植为主，主要由农户自行留种、自产自销，以食用嫩荚和籽粒为主。

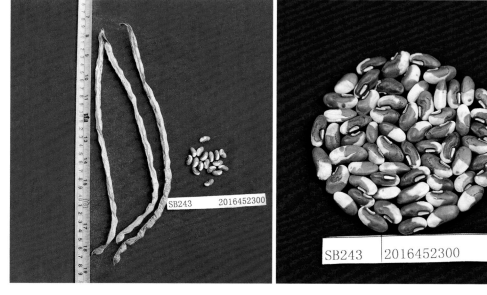

36．地灵豇豆

【采集地】广西桂林市龙胜各族自治县乐江镇地灵村。

【类型及分布】属于豆科豇豆属豇豆栽培种中的普通豇豆（*Vigna unguiculata*），在地灵村及附近村镇零星种植。

【主要特征特性】在南宁 6 月底种植，生育期 65 天，蔓生型品种，花白色，株高 350.4cm，主茎分枝数 2.8 个，单株荚数 23.6 个，单荚粒数 16.4 粒，荚长 20.1cm，成熟豆荚黄白色、圆筒形，籽粒肾形，种皮白色，百粒重 13.92g，单株产量为 33.3g。

【利用价值】目前直接应用于生产，以粗放种植为主，主要由农户自行留种、自产自销，以食用干籽粒为主。

37. 三联白饭豆

【采集地】广西桂林市恭城瑶族自治县三江乡三联村。

【类型及分布】属于豆科豇豆属豇豆栽培种中的普通豇豆（*Vigna unguiculata*），在三联村及附近村镇零星种植。

【主要特征特性】在南宁6月底种植，生育期89天，蔓生型品种，花白色，株高373.5cm，主茎分枝数2.8个，单株荚数25.1个，单荚粒数13.8粒，荚长16.3cm，成熟豆荚黄橙色、圆筒形，籽粒矩圆形，种皮白色，百粒重12.10g，单株产量为26.9g。

【利用价值】目前直接应用于生产，以粗放种植为主，主要由农户自行留种、自产自销，以食用干籽粒为主。

 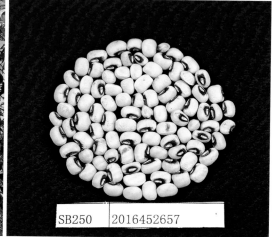

SB250　2016452657

38. 三联饭豆

【采集地】广西桂林市恭城瑶族自治县三江乡三联村。

【类型及分布】属于豆科豇豆属豇豆栽培种中的普通豇豆（*Vigna unguiculata*），在三联村及附近村镇零星种植。

【主要特征特性】在南宁6月底种植，生育期82天，蔓生型品种，花紫色，株高437.8cm，主茎分枝数2.5个，单株荚数18.7个，单荚粒数17.3粒，荚长19.3cm，成熟豆荚黄白色、圆筒形，籽粒椭圆形，种皮橙色，百粒重11.83g，单株产量为30.5g。

【利用价值】目前直接应用于生产，以粗放种植为主，主要由农户自行留种、自产自销，以食用干籽粒为主。

39. 京屯豇豆

【采集地】广西河池市大化瑶族自治县北景乡京屯村。

【类型及分布】属于豆科豇豆属豇豆栽培种中的普通豇豆（*Vigna unguiculata*），在京屯村及附近村镇零星种植。

【主要特征特性】在南宁 6 月底种植，生育期 63 天，蔓生型品种，花紫色，株高363.7cm，主茎分枝数 2.9 个，单株荚数 22.8 个，单荚粒数 14.3 粒，荚长 21.1cm，成熟豆荚黄白色、扁圆条形，籽粒肾形，种皮橙色，百粒重 14.56g，单株产量为 32.7g。

【利用价值】目前直接应用于生产，以粗放种植为主，主要由农户自行留种、自产自销，以食用干籽粒为主。

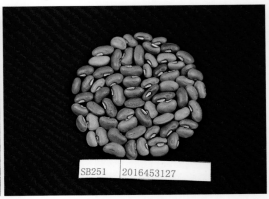

40．江栋芭谷豆

【采集地】广西河池市大化瑶族自治县北景乡江栋村。

【类型及分布】属于豆科豇豆属豇豆栽培种中的普通豇豆（*Vigna unguiculata*），在江栋村及附近村镇零星种植。

【主要特征特性】在南宁6月底种植，生育期89天，蔓生型品种，花紫色，株高345.6cm，主茎分枝数1.9个，单株荚数21.9个，单荚粒数12.8粒，荚长22.3cm，嫩荚紫色、成熟豆荚黄橙色、扁圆条形，籽粒肾形，种皮橙底褐花色，百粒重13.15g，单株产量为24.2g。

【利用价值】目前直接应用于生产，以粗放种植为主，主要由农户自行留种、自产自销，以食用嫩荚和籽粒为主。

41. 马海红豇豆

【采集地】广西桂林市龙胜各族自治县龙脊镇马海村。

【类型及分布】属于豆科豇豆属豇豆栽培种中的普通豇豆（*Vigna unguiculata*），在马海村及附近村镇零星种植。

【主要特征特性】在南宁 6 月底种植，生育期 65 天，蔓生型品种，花紫色，株高 259.3cm，主茎分枝数 2.3 个，单株荚数 65.3 个，单荚粒数 19.3 粒，荚长 24.3cm，嫩荚绿带紫色、成熟豆荚褐花色、扁圆条形，籽粒肾形，种皮橙色，百粒重 12.65g，单株产量为 102.8g。

【利用价值】目前直接应用于生产，以粗放种植为主，主要由农户自行留种、自产自销，以食用嫩荚和籽粒为主。

42. 江栋饭豆

【采集地】广西河池市大化瑶族自治县北景乡江栋村。

【类型及分布】属于豆科豇豆属豇豆栽培种中的普通豇豆（*Vigna unguiculata*），在江栋村及附近村镇零星种植。

【主要特征特性】在南宁 6 月底种植，生育期 73 天，蔓生型品种，花紫色，株高 374.3cm，主茎分枝数 3.2 个，单株荚数 24.7 个，单荚粒数 15.2 粒，荚长 19.2cm，成熟豆荚黄白色、圆筒形，籽粒肾形，种皮黑色，百粒重 12.51g，单株产量为 33.5g。

【利用价值】目前直接应用于生产，以粗放种植为主，主要由农户自行留种、自产自销，以食用干籽粒为主。

43．介福本地饭豆

【采集地】广西百色市凌云县逻楼镇介福村。

【类型及分布】属于豆科豇豆属豇豆栽培种中的普通豇豆（*Vigna unguiculata*），在介福村及附近村镇零星种植。

【主要特征特性】在南宁6月底种植，生育期89天，蔓生型品种，花紫色，株高378.7cm，主茎分枝数2.5个，单株荚数15.5个，单荚粒数14.6粒，荚长25.2cm，成熟豆荚黄白色、扁圆条形，籽粒肾形，种皮橙色，百粒重11.95g，单株产量为18.1g。

【利用价值】目前直接应用于生产，以粗放种植为主，主要由农户自行留种、自产自销，以食用嫩荚和籽粒为主。

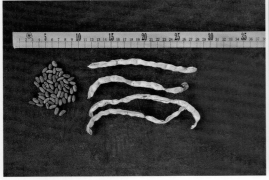

SB274　2016453584

44．德良饭豆

【采集地】广西桂林市恭城瑶族自治县西岭镇德良村。

【类型及分布】属于豆科豇豆属豇豆栽培种中的普通豇豆（*Vigna unguiculata*），在德良村及附近村镇零星种植。

【主要特征特性】在南宁6月底种植，生育期95天，蔓生型品种，花紫色，株高253.5cm，主茎分枝数3.2个，单株荚数27.0个，单荚粒数15.9粒，荚长21.2cm，成熟豆荚黄白色、圆筒形，籽粒肾形，种皮黑色，百粒重10.56g，单株产量为37.6g。

【利用价值】目前直接应用于生产，以粗放种植为主，主要由农户自行留种、自产自销，以食用干籽粒为主。

45.谐里豇豆

【**采集地**】广西百色市乐业县新化镇谐里村。

【**类型及分布**】属于豆科豇豆属豇豆栽培种中的普通豇豆（*Vigna unguiculata*），在谐里村及附近村镇零星种植。

【**主要特征特性**】在南宁6月底种植，生育期89天，蔓生型品种，花紫色，株高336.1cm，主茎分枝数1.8个，单株荚数9.6个，单荚粒数14.3粒，荚长19.1cm，成熟豆荚黄白色、扁圆条形，籽粒肾形，种皮橙红色，百粒重13.91g，单株产量为12.6g。

【**利用价值**】目前直接应用于生产，以粗放种植为主，主要由农户自行留种、自产自销，以食用干籽粒为主。

46．谷洞饭豆

【采集地】广西河池市宜州区刘三姐镇谷洞村。

【类型及分布】属于豆科豇豆属豇豆栽培种中的普通豇豆（*Vigna unguiculata*），在谷洞村及附近村镇零星种植。

【主要特征特性】在南宁6月底种植，生育期67天，蔓生型品种，花白色，株高349.7cm，主茎分枝数2.6个，单株荚数42.4个，单荚粒数14.4粒，荚长21.6cm，成熟豆荚黄白色、圆筒形，籽粒肾形，种皮白色，百粒重12.85g，单株产量为52.4g。

【利用价值】目前直接应用于生产，以粗放种植为主，主要由农户自行留种、自产自销，以食用干籽粒为主。

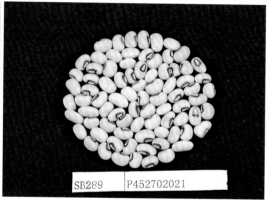

47．公平黑饭豆

【采集地】广西南宁市横县马山镇公平村。

【类型及分布】属于豆科豇豆属豇豆栽培种中的普通豇豆（*Vigna unguiculata*），在公平村及附近村镇零星种植。

【主要特征特性】在南宁6月底种植，生育期81天，蔓生型品种，花紫色，株高373.4cm，主茎分枝数1.7个，单株荚数17.0个，单荚粒数16.4粒，荚长19.0cm，成熟豆荚黄橙色、圆筒形，籽粒肾形，种皮黑色，百粒重11.31g，单株产量为21.8g。

【利用价值】目前直接应用于生产，以粗放种植为主，主要由农户自行留种、自产自销，以食用干籽粒为主。

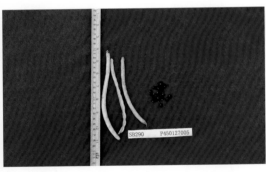 

48．进新白饭豆

【采集地】广西河池市罗城仫佬族自治县天河镇进新村。

【类型及分布】属于豆科豇豆属豇豆栽培种中的普通豇豆（*Vigna unguiculata*），在进新村及附近村镇零星种植。

【主要特征特性】在南宁6月底种植，生育期81天，蔓生型品种，花白色，株高353.6cm，主茎分枝数2.7个，单株荚数19.5个，单荚粒数9.1粒，荚长8.6cm，成熟豆荚黄白色、圆筒形，籽粒肾形，种皮白色，百粒重13.21g，单株产量为27.3g。

【利用价值】目前直接应用于生产，以粗放种植为主，主要由农户自行留种、自产自销，以食用干籽粒为主。

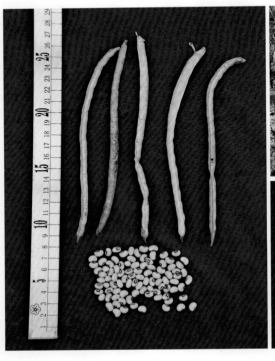 

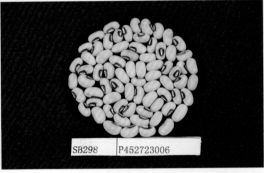

49. 进新红饭豆

【**采集地**】广西河池市罗城仫佬族自治县天河镇进新村。

【**类型及分布**】属于豆科豇豆属豇豆栽培种中的普通豇豆（*Vigna unguiculata*），在进新村及附近村镇零星种植。

【**主要特征特性**】在南宁 6 月底种植，生育期 64 天，蔓生型品种，花紫色，株高320.3cm，主茎分枝数 3.1 个，单株荚数 20.6 个，单荚粒数 14.7 粒，荚长 18.4cm，成熟豆荚黄白色、圆筒形，籽粒球形，种皮橙色，百粒重 15.35g，单株产量为 40.9g。

【**利用价值**】目前直接应用于生产，以粗放种植为主，主要由农户自行留种、自产自销，以食用干籽粒为主。

50．井湾饭豆

【采集地】广西贺州市富川瑶族自治县新华乡井湾村。

【类型及分布】属于豆科豇豆属豇豆栽培种中的普通豇豆（*Vigna unguiculata*），在井湾村及附近村镇零星种植。

【主要特征特性】在南宁6月底种植，生育期72天，蔓生型品种，花白色，株高335.6cm，主茎分枝数3.8个，单株荚数31.8个，单荚粒数13.8粒，荚长15.6cm，成熟豆荚褐色、圆筒形，籽粒肾形，种皮白色，百粒重11.85g，单株产量为42.4g。

【利用价值】目前直接应用于生产，以粗放种植为主，主要由农户自行留种、自产自销，以食用干籽粒为主。

51. 武德本地饭豆

【采集地】广西崇左市龙州县武德乡武德村。

【类型及分布】属于豆科豇豆属豇豆栽培种中的普通豇豆（*Vigna unguiculata*），在武德村及附近村镇零星种植。

【主要特征特性】在南宁6月底种植，生育期66天，蔓生型品种，花白色，株高293.1cm，主茎分枝数4.2个，单株荚数22.9个，单荚粒数15.5粒，荚长25.2cm，成熟豆荚黄白色、圆筒形，籽粒肾形，种皮白色，百粒重16.54g，单株产量为43.7g。

【利用价值】目前直接应用于生产，以粗放种植为主，主要由农户自行留种、自产自销，以食用干籽粒为主。

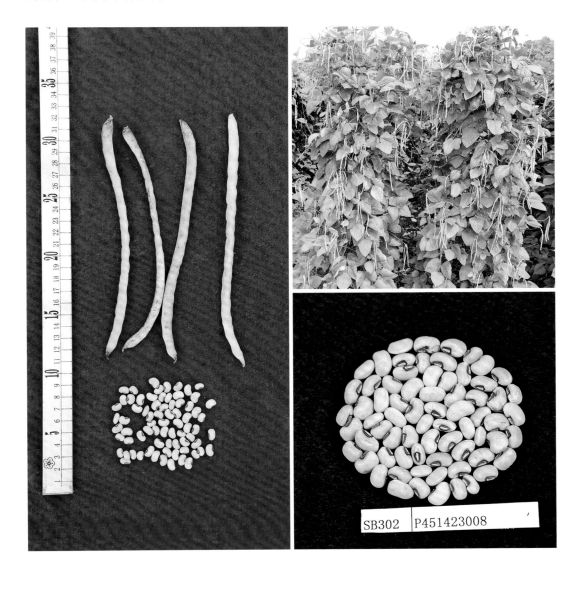

52．农干珍珠饭豆

【采集地】广西崇左市龙州县武德乡农干村。

【类型及分布】属于豆科豇豆属豇豆栽培种中的普通豇豆（*Vigna unguiculata*），在农干村及附近村镇零星种植。

【主要特征特性】在南宁 6 月底种植，生育期 59 天，蔓生型品种，花白色，株高 334.1cm，主茎分枝数 3.3 个，单株荚数 23.4 个，单荚粒数 15.2 粒，荚长 22.5cm，成熟豆荚黄白色、圆筒形，籽粒肾形，种皮白色，百粒重 11.05g，单株产量为29.5g。

【利用价值】目前直接应用于生产，以粗放种植为主，主要由农户自行留种、自产自销，以食用干籽粒为主。

53. 坪源白饭豆

【采集地】广西贺州市富川瑶族自治县新华乡坪源村。

【类型及分布】属于豆科豇豆属豇豆栽培种中的普通豇豆（*Vigna unguiculata*），在坪源村及附近村镇零星种植。

【主要特征特性】在南宁6月底种植，生育期81天，蔓生型品种，花白色，株高388.5cm，主茎分枝数3.2个，单株荚数28.0个，单荚粒数14.9粒，荚长18.1cm，成熟豆荚黄橙色、圆筒形，籽粒肾形，种皮白色，百粒重15.73g，单株产量为35.9g。

【利用价值】目前直接应用于生产，以粗放种植为主，主要由农户自行留种、自产自销，以食用干籽粒为主。

54. 蚌贝白饭豆

【采集地】广西贺州市富川瑶族自治县朝东镇蚌贝村。

【类型及分布】属于豆科豇豆属豇豆栽培种中的普通豇豆（*Vigna unguiculata*），在蚌贝村及附近村镇零星种植。

【主要特征特性】在南宁 6 月底种植，生育期 81 天，蔓生型品种，花白色，株高 387.1cm，主茎分枝数 3.4 个，单株荚数 17.7 个，单荚粒数 12.7 粒，荚长 18.0cm，成熟豆荚黄橙色、圆筒形，籽粒肾形，种皮白色，百粒重 15.52g，单株产量为25.9g。

【利用价值】目前直接应用于生产，以粗放种植为主，主要由农户自行留种、自产自销，以食用干籽粒为主。

55．路溪黑豇豆

【采集地】广西贺州市富川瑶族自治县新华乡路溪村。

【类型及分布】属于豆科豇豆属豇豆栽培种中的普通豇豆（*Vigna unguiculata*），在路溪村及附近村镇零星种植。

【主要特征特性】在南宁6月底种植，生育期73天，蔓生型品种，花紫色，株高446.7cm，主茎分枝数2.3个，单株荚数14.2个，单荚粒数15.8粒，荚长16.6cm，成熟豆荚黄橙色、圆筒形，籽粒肾形，种皮黑色，百粒重13.85g，单株产量为21.1g。

【利用价值】目前直接应用于生产，以粗放种植为主，主要由农户自行留种、自产自销，以食用干籽粒为主。

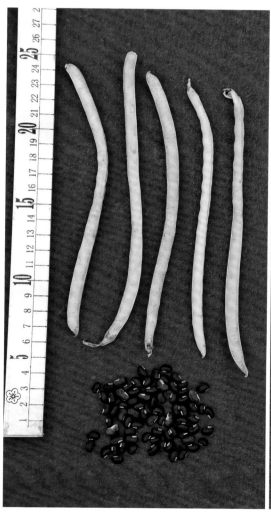

56. 官庄豇豆

【采集地】广西桂林市灌阳县水车乡官庄村。

【类型及分布】属于豆科豇豆属豇豆栽培种中的普通豇豆（*Vigna unguiculata*），在官庄村及附近村镇零星种植。

【主要特征特性】在南宁6月底种植，生育期81天，蔓生型品种，花紫色，株高364.2cm，主茎分枝数3.1个，单株荚数12.9个，单荚粒数14.3粒，荚长18.8cm，成熟豆荚黄橙色、圆筒形，籽粒矩圆形，种皮橙底褐花色，百粒重14.45g，单株产量为16.9g。

【利用价值】目前直接应用于生产，以粗放种植为主，主要由农户自行留种、自产自销，以食用干籽粒为主。

57. 大庄江饭豆

【采集地】广西北海市合浦县石康镇大庄江村。

【类型及分布】属于豆科豇豆属豇豆栽培种中的普通豇豆（*Vigna unguiculata*），在大庄江村及附近村镇零星种植。

【主要特征特性】在南宁6月底种植，生育期63天，直立型品种，花白色，株高46.3cm，主茎分枝数2.5个，单株荚数14.3个，单荚粒数14.6粒，荚长16.2cm，成熟豆荚黄橙色、圆筒形，籽粒矩圆形，种皮白色，百粒重9.12g，单株产量为15.3g。

【利用价值】目前直接应用于生产，以粗放种植为主，主要由农户自行留种、自产自销，以食用干籽粒为主。

第四节 小豆种质资源

小豆（*Vigna angularis*）属于豆科（Leguminosae）蝶形花亚科（Papilionoideae）豇豆属，又名红小豆、赤豆、赤小豆、红豆等，英文名 adzuki bean、small bean。本次小豆种质资源调查收集的样本数为15份，主要分布在百色市的隆林各族自治县、西林县、凌云县、靖西市，桂林市的龙胜各族自治县、资源县、荔浦县、灌阳县等地，海拔分布为79～908m。分别于2017年、2018年在南宁市进行田间试验鉴定，采用《小豆种质资源描述规范和数据标准》进行评价，调查了生育期、株高、主茎分枝数、单株荚数、单荚粒数、荚色、荚长、荚形、粒形、粒色、百粒重等农艺性状。根据田间鉴定的特异性、优良性状筛选出优异种质资源。

本节介绍10份小豆优异种质资源。在介绍小豆种质资源的信息中，【主要特征特性】所列农艺性状数据均为2017年、2018年田间鉴定数据的平均值。

1. 大罗小豆

【采集地】广西桂林市龙胜各族自治县三门镇大罗村。

【类型及分布】属于豆科豇豆属小豆种（*Vigna angularis*），在大罗村及附近村镇零星种植。

【主要特征特性】在南宁 6 月底种植，生育期 84 天，半蔓生型品种，花黄色，株高 97.9cm，主茎分枝数 2.0 个，单株荚数 19.4 个，单荚粒数 8.1 粒，荚长 7.0cm，成熟豆荚黄白色、圆筒形，籽粒淡黄色、短圆柱形，百粒重 7.03g，单株产量为 9.3g。

【利用价值】目前直接应用于生产，以粗放种植为主，主要由农户自行留种、自产自销，以食用干籽粒为主。

2．金平红米豆

【采集地】广西百色市隆林各族自治县德峨镇金平村。

【类型及分布】属于豆科豇豆属小豆种（*Vigna angularis*），在金平村及附近村镇零星种植。

【主要特征特性】在南宁 6 月底种植，生育期 109 天，半蔓生型品种，花黄色，株高 146.7cm，主茎分枝数 4.0 个，单株荚数 28.1 个，单荚粒数 8.6 粒，荚长 8.8cm，豆荚黄白色、镰刀形，籽粒红色、短圆柱形，百粒重 8.34g，单株产量为 10.3g。

【利用价值】目前直接应用于生产，以粗放种植为主，主要由农户自行留种、自产自销，以食用干籽粒为主。

3. 三冲红豆

【采集地】广西百色市隆林各族自治县德峨镇三冲村。

【类型及分布】属于豆科豇豆属小豆种（*Vigna angularis*），在三冲村及附近村镇零星种植。

【主要特征特性】在南宁6月底种植，生育期105天，直立型品种，花黄色，株高47.7cm，主茎分枝数4.0个，单株荚数47.3个，单荚粒数9.9粒，荚长7.3cm，成熟豆荚黄白色、直线形，籽粒黄绿色、短圆柱形，百粒重5.05g，单株产量为17.0g。

【利用价值】目前直接应用于生产，以粗放种植为主，主要由农户自行留种、自产自销，以食用干籽粒为主。

4. 者艾米豆

【采集地】广西百色市隆林各族自治县岩茶乡者艾村。

【类型及分布】属于豆科豇豆属小豆种（*Vigna angularis*），在者艾村及附近村镇零星种植。

【主要特征特性】在南宁6月底种植，生育期145天，半蔓生型品种，花黄色，株高202.0cm，主茎分枝数3.5个，单株荚数30.0个，单荚粒数8.8粒，荚长7.8cm，成熟豆荚黄白色、直线形，籽粒红色、短圆柱形，百粒重6.5g，单株产量为12.6g。

【利用价值】目前直接应用于生产，以粗放种植为主，主要由农户自行留种、自产自销，以食用干籽粒为主。

5. 金平黄米豆

【采集地】广西百色市隆林各族自治县德峨镇金平村。

【类型及分布】属于豆科豇豆属小豆种（*Vigna angularis*），在金平村及附近村镇零星种植。

【主要特征特性】在南宁6月底种植，生育期105天，半蔓生型品种，花黄色，株高154.1cm，主茎分枝数3.7个，单株荚数35.0个，单荚粒数9.0粒，荚长9.2cm，成熟豆荚褐色、直线形，籽粒黄色、短圆柱形，百粒重6.0g，单株产量为13.2g。

【利用价值】目前直接应用于生产，以粗放种植为主，主要由农户自行留种、自产自销，以食用干籽粒为主。

6. 下涧米豆

【采集地】广西桂林市灌阳县西山瑶族乡下涧村。

【类型及分布】属于豆科豇豆属小豆种（*Vigna angularis*），在下涧村及附近村镇零星种植。

【主要特征特性】在南宁6月底种植，生育期105天，半蔓生型品种，花黄色，株高179.7cm，主茎分枝数2.8个，单株荚数26.8个，单荚粒数8.2粒，荚长10.3cm，成熟豆荚黄白色、直线形，籽粒红色、短圆柱形，百粒重9.7g，单株产量为16.8g。

【利用价值】目前直接应用于生产，种植于荒地或与玉米等作物间作套种，以粗放种植为主，主要由农户自行留种、自产自销，以食用干籽粒为主。

7. 旺子米豆

【采集地】广西百色市西林县八达镇旺子村。

【类型及分布】属于豆科豇豆属小豆种（*Vigna angularis*），在旺子村及附近村镇零星种植。

【主要特征特性】在南宁 6 月底种植，生育期 124 天，半蔓生型品种，花黄色，株高 146.0cm，主茎分枝数 4.0 个，单株荚数 47.3 个，单荚粒数 7.7 粒，荚长 6.3cm，成熟豆荚黄白色、直线形，籽粒黄色、短圆柱形，百粒重 4.9g，单株产量为 14.0g。

【利用价值】目前直接应用于生产，以粗放种植为主，主要由农户自行留种、自产自销，以食用干籽粒为主。

8. 大地红豆

【采集地】广西桂林市恭城瑶族自治县三江乡大地村。

【类型及分布】属于豆科豇豆属小豆种（*Vigna angularis*），在大地村及附近村镇零星种植。

【主要特征特性】在南宁 6 月底种植，生育期 145 天，半蔓生品种，花黄色，株高134.7cm，主茎分枝数 3.6 个，单株荚数 18.2 个，单荚粒数 9.4 粒，荚长 8.5cm，成熟豆荚黄白色、直线形，籽粒红色、短圆柱形，百粒重 6.30g，单株产量为 10.5g。

【利用价值】目前直接应用于生产，以粗放种植为主，主要由农户自行留种、自产自销，以食用干籽粒为主。

9. 介福米豆

【采集地】广西百色市凌云县逻楼镇介福村。

【类型及分布】属于豆科豇豆属小豆种（*Vigna angularis*），在介福村及附近村镇零星种植。

【主要特征特性】在南宁 6 月底种植，生育期 124 天，半蔓生型品种，花黄色，株高 165.1cm，主茎分枝数 4.4 个，单株荚数 24.8 个，单荚粒数 8.1 粒，荚长 8.2cm，成熟豆荚黄白色、直线形，籽粒淡黄色、短圆柱形，百粒重 7.50g，单株产量为 12.8g。

【利用价值】目前直接应用于生产，以粗放种植为主，主要由农户自行留种、自产自销，以食用干籽粒为主。

10. 莲灯米豆

【采集地】广西百色市凌云县玉洪瑶族乡莲灯村。

【类型及分布】属于豆科豇豆属小豆种（*Vigna angularis*），在莲灯村及附近村镇零星种植。

【主要特征特性】在南宁 6 月底种植，生育期 124 天，半蔓生型品种，花黄色，株高 171.1cm，主茎分枝数 3.2 个，单株荚数 39.8 个，单荚粒数 8.8 粒，荚长 6.7cm，成熟豆荚褐色、直线形，籽粒淡黄色、短圆柱形，百粒重 6.02g，单株产量为 10.9g。

【利用价值】目前直接应用于生产，以粗放种植为主，主要由农户自行留种、自产自销，以食用干籽粒为主。

第五节　藕豆种质资源

　　藕豆（*Lablab purpureus*）属于豆科（Leguminosae）蝶形花亚科（Papilionoideae）藕豆属，又名扁豆、蛾眉豆、眉豆、鹊豆、肉豆、篱笆豆等，英文名 hyacinth bean。本次藕豆种质资源调查收集的样本数为 46 份，主要分布在桂林市的恭城瑶族自治县、荔浦县，百色市的凌云县、隆林各族自治县，贺州市的富川瑶族自治县等地，海拔分布为 52～1106m。分别于 2017 年、2018 年在南宁市武鸣区广西农业科学院里建科研基地进行田间试验鉴定，参照相关的豆类种质资源描述规范和数据标准进行评价，主要调查了生长习性、生育期、主茎色、花色、嫩荚色、单株荚数、单荚粒数、荚色、荚长、荚形、粒形、粒色、百粒重等农艺性状。根据田间鉴定的特异性、优良性状筛选出优异种质资源。

　　本节介绍 32 份藕豆优异种质资源。在介绍藕豆种质资源的信息中，【主要特征特性】所列农艺性状数据均为 2017 年、2018 年田间鉴定数据的平均值。

1. 黄江蛾眉豆

【采集地】广西桂林市龙胜各族自治县龙脊镇黄江村。

【类型及分布】属于藕豆属藕豆种（*Lablab purpureus*），在黄江村及附近村镇零星种植。

【主要特征特性】在南宁 6 月底种植，生育期 112 天，植株蔓生，主茎紫色，花紫色，嫩荚紫色、镰刀形，9 月中旬可采摘嫩荚，单株荚数 147.9 个，单荚粒数 3.8 粒，荚长 5.7cm，成熟荚褐色，成熟干籽粒褐色、椭圆形，百粒重 43.01g。

【利用价值】目前直接应用于生产，种植于房前屋后或荒地，以粗放种植为主。当地农户自行留种、自产自销，以食用鲜嫩豆荚为主，如清炒或炒腊肉等，豆香味浓厚，味道极佳。

2. 白边雪豆

【采集地】广西贵港市桂平市蒙圩镇棉宠村。

【类型及分布】属于稨豆属稨豆种（*Lablab purpureus*），在棉宠村及附近村镇零星种植。

【主要特征特性】在南宁 6 月底种植，生育期 198 天，植株蔓生，主茎绿色，花白色，嫩荚白绿色、镰刀形，10 月底可采摘嫩荚，单株荚数 126.6 个，单荚粒数 3.3 粒，荚长 6.4cm，成熟荚黄白色，成熟干籽粒橙色、椭圆形，百粒重 32.53g。

【利用价值】目前直接应用于生产，种植于房前屋后或荒地，以粗放种植为主。当地农户自行留种、自产自销，以食用鲜嫩豆荚为主，如清炒或炒肉，豆香味浓。

3. 升坪藊豆

【采集地】广西桂林市兴安县华江瑶族乡升坪村。

【类型及分布】属于藊豆属藊豆种（*Lablab purpureus*），在升坪村及附近村镇零星种植。

【主要特征特性】在南宁6月底种植，生育期157天，植株蔓生，主茎紫色，花紫色，嫩荚浅紫色、镰刀形，10月初可采摘嫩荚，单株荚数62.3个，单荚粒数3.5粒，荚长8.3cm，成熟荚褐色，成熟干籽粒深褐色、椭圆形，百粒重53.08g。

【利用价值】目前直接应用于生产，种植于房前屋后或荒地，以粗放种植为主。当地农户自行留种、自产自销，以食用鲜嫩豆荚为主。

4. 大荷包豆

【**采集地**】广西桂林市灵川县三街镇潞江村。

【**类型及分布**】属于稨豆属稨豆种（*Lablab purpureus*），在潞江村及附近村镇零星种植。

【**主要特征特性**】在南宁6月底种植，生育期198天，植株蔓生，主茎紫色，花紫色，嫩荚浅紫色、镰刀形，11月初可采摘嫩荚，单株荚数109.2个，单荚粒数4.4粒，荚长5.5cm，成熟荚黄白色，成熟干籽粒黑色、椭圆形，百粒重28.67g。

【**利用价值**】目前直接应用于生产，种植于房前屋后或荒地，以粗放种植为主。当地农户自行留种、自产自销，以食用鲜嫩豆荚为主。

5. 那庚眉豆

【采集地】广西钦州市钦北区板城镇牛寮村那庚屯。

【类型及分布】属于藊豆属藊豆种（*Lablab purpureus*），在牛寮村及附近村镇零星种植。

【主要特征特性】在南宁6月底种植，生育期198天，植株蔓生，主茎绿色，花白色，嫩荚白绿色、镰刀形，10月底可采摘嫩荚，单株荚数87.5个，单荚粒数3.8粒，荚长5.6cm，成熟荚黄白色，成熟干籽粒深褐色、椭圆形，百粒重45.21g。

【利用价值】目前直接应用于生产，种植于房前屋后或荒地，以粗放种植为主。当地农户自行留种、自产自销，以食用鲜嫩豆荚为主。

6. 巴豆

【采集地】广西来宾市忻城县城关镇加海村。

【类型及分布】属于稨豆属稨豆种（*Lablab purpureus*），在加海村及附近村镇零星种植。

【主要特征特性】在南宁 6 月底种植，生育期 253 天，植株蔓生，主茎绿色，花白色，嫩荚浅绿色、镰刀形，11 月底可采摘嫩荚，单株荚数 231.5 个，单荚粒数 3.9 粒，荚长 7.1cm，成熟荚黄白色，成熟干籽粒橙色、椭圆形，百粒重 59.82g。

【利用价值】目前直接应用于生产，种植于房前屋后或荒地，以粗放种植为主。当地农户自行留种、自产自销，以食用鲜嫩豆荚为主。

7. 腊豆

【采集地】广西百色市西林县足别瑶族苗族乡足别村。

【类型及分布】属于藊豆属藊豆种（*Lablab purpureus*），在足别村及附近村镇零星种植。

【主要特征特性】在南宁6月底种植，生育期189天，植株蔓生，主茎紫色，花紫色，嫩荚绿带紫色、镰刀形，10月底可采摘嫩荚，单株荚数158.1个，单荚粒数3.9粒，荚长5.1cm，成熟荚黄白色，成熟干籽粒深褐色、椭圆形，百粒重35.13g。

【利用价值】目前直接应用于生产，种植于房前屋后或荒地，以粗放种植为主。当地农户自行留种、自产自销，以食用鲜嫩豆荚为主。

8. 八豆

【采集地】广西防城港市上思县公正乡枯娄村。

【类型及分布】属于藊豆属藊豆种（*Lablab purpureus*），在枯娄村及附近村镇零星种植。

【主要特征特性】在南宁 6 月底种植，生育期 199 天，植株蔓生，主茎绿色，花白色，嫩荚绿色、镰刀形，11 月底可采摘嫩荚，单株荚数 222.9 个，单荚粒数 4.5 粒，荚长 8.8cm，成熟荚黄白色，成熟干籽粒褐色、椭圆形，百粒重 28.74g。

【利用价值】目前直接应用于生产，种植于房前屋后或荒地，以粗放种植为主。当地农户自行留种、自产自销，以食用鲜嫩豆荚为主。

9. 枯叫藕豆

【采集地】广西防城港市上思县南屏瑶族乡枯叫村。

【类型及分布】属于藕豆属藕豆种（*Lablab purpureus*），在枯叫村及附近村镇零星种植。

【主要特征特性】在南宁6月底种植，生育期220天，植株蔓生，主茎绿色，花白色，嫩荚绿色、镰刀形，11月底可采摘嫩荚，单株荚数183.9个，单荚粒数5.0粒，荚长9.6cm，成熟荚黄白色，成熟干籽粒深褐色、椭圆形，百粒重28.21g。

【利用价值】目前直接应用于生产，种植于房前屋后或荒地，以粗放种植为主。当地农户自行留种、自产自销，以食用鲜嫩豆荚为主。

14. 绵豆

【采集地】广西百色市凌云县玉洪瑶族乡那洪村。

【类型及分布】属于稨豆属稨豆种（*Lablab purpureus*），在那洪村及附近村镇零星种植。

【主要特征特性】在南宁 6 月底种植，生育期 187 天，植株蔓生，主茎绿色，花白色，嫩荚浅绿色、马刀形，10 月中下旬可采摘嫩荚，单株荚数 137.6 个，单荚粒数 3.9 粒，荚长 10.9cm，成熟荚黄白色，成熟干籽粒橙色、卵圆形，百粒重 45.44g。

【利用价值】目前直接应用于生产，种植于房前屋后或荒地，以粗放种植为主。当地农户自行留种、自产自销，以食用鲜嫩豆荚为主。

15. 青篱笆豆

【采集地】广西百色市凌云县逻楼镇介福村。

【类型及分布】属于稨豆属稨豆种（*Lablab purpureus*），在介福村及附近村镇零星种植。

【主要特征特性】在南宁6月底种植，生育期187天，植株蔓生，主茎绿色，花紫色，嫩荚浅绿色、马刀形，10月中下旬可采摘嫩荚，单株荚数142.2个，单荚粒数4.4粒，荚长10.9cm，成熟荚黄白色，成熟干籽粒褐色、椭圆形，百粒重50.73g。

【利用价值】目前直接应用于生产，种植于房前屋后或荒地，以粗放种植为主。当地农户自行留种、自产自销，以食用鲜嫩豆荚为主。

16. 挖沟藊豆

【采集地】广西桂林市恭城瑶族自治县西岭镇挖沟村。

【类型及分布】属于藊豆属藊豆种（*Lablab purpureus*），在挖沟村及附近村镇零星种植。

【主要特征特性】在南宁6月底种植，生育期187天，植株蔓生，主茎绿色，花白色，嫩荚浅绿色、镰刀形，10月底可采摘嫩荚，单株荚数119.5个，单荚粒数4.6粒，荚长7.2cm，成熟荚黄白色，成熟干籽粒橙色、椭圆形，百粒重34.71g。

【利用价值】目前直接应用于生产，种植于房前屋后或荒地，以粗放种植为主。当地农户自行留种、自产自销，以食用鲜嫩豆荚为主。

17．棉豆

【采集地】广西柳州市柳南区洛满镇凤山村。

【类型及分布】属于藊豆属藊豆种（*Lablab purpureus*），在凤山村及附近村镇零星种植。

【主要特征特性】在南宁6月底种植，生育期150天，植株蔓生，主茎绿色，花白色，嫩荚浅绿色、镰刀形，10月初可采摘嫩荚，单株荚数119.0个，单荚粒数3.8粒，荚长6.0cm，成熟荚黄色，成熟干籽粒橙色、椭圆形，百粒重27.53g。

【利用价值】目前直接应用于生产，种植于房前屋后或荒地，以粗放种植为主。当地农户自行留种、自产自销，以食用鲜嫩豆荚为主。

18．巴内藊豆

【采集地】广西百色市隆林各族自治县者保乡巴内村。

【类型及分布】属于藊豆属藊豆种（*Lablab purpureus*），在巴内村及附近村镇零星种植。

【主要特征特性】在南宁6月底种植，生育期158天，植株蔓生，主茎紫色，花紫色，嫩荚紫色、联珠形，10月中旬可采摘嫩荚，单株荚数86.4个，单荚粒数4.1粒，荚长6.3cm，成熟荚黄色，成熟干籽粒黑色、椭圆形，百粒重38.01g。

【利用价值】目前直接应用于生产，种植于房前屋后或荒地，以粗放种植为主。当地农户自行留种、自产自销，以食用鲜嫩豆荚为主。

19．新安蛾眉豆

【采集地】广西桂林市荔浦县龙怀乡新安社区。

【类型及分布】属于藕豆属藕豆种（*Lablab purpureus*），在新安社区及附近村镇零星种植。

【主要特征特性】在南宁 6 月底种植，生育期 221 天，植株蔓生，主茎紫色，花紫色，嫩荚绿带紫色、镰刀形，10 月中旬可采摘嫩荚，单株荚数 69.2 个，单荚粒数3.3 粒，荚长 5.2cm，成熟荚黄白色，成熟干籽粒深褐色、椭圆形，百粒重 32.62g。

【利用价值】目前直接应用于生产，种植于房前屋后或荒地，以粗放种植为主。当地农户自行留种、自产自销，以食用鲜嫩豆荚为主。

20．德峨稨豆

【采集地】广西百色市隆林各族自治县德峨镇德峨村。

【类型及分布】属于稨豆属稨豆种（*Lablab purpureus*），在德峨村及附近村镇零星种植。

【主要特征特性】在南宁 6 月底种植，生育期 198 天，植株蔓生，主茎紫色，花紫色，嫩荚绿带紫色、镰刀形，10 月底可采摘嫩荚，单株荚数 169.1 个，单荚粒数 4.6 粒，荚长 6.5cm，成熟荚黄白色，成熟干籽粒黑色、椭圆形，百粒重 42.11g。

【利用价值】目前直接应用于生产，种植于房前屋后或荒地，以粗放种植为主。当地农户自行留种、自产自销，以食用鲜嫩豆荚为主。

21．交其蛾眉豆

【**采集地**】广西桂林市龙胜各族自治县三门镇交其村。

【**类型及分布**】属于藊豆属藊豆种（*Lablab purpureus*），在交其村及附近村镇零星种植。

【**主要特征特性**】在南宁 6 月底种植，生育期 198 天，植株蔓生，主茎绿色，花紫色，嫩荚白绿色、联珠形，10 月中下旬可采摘嫩荚，单株荚数 47.1 个，单荚粒数 2.9粒，荚长 8.8cm，成熟荚黄白色，成熟干籽粒深褐色、椭圆形，百粒重 45.23g。

【**利用价值**】目前直接应用于生产，种植于房前屋后或荒地，以粗放种植为主。当地农户自行留种、自产自销，以食用鲜嫩豆荚为主。

22．莲灯眉豆

【采集地】广西百色市凌云县玉洪瑶族乡莲灯村。

【类型及分布】属于稨豆属稨豆种（*Lablab purpureus*），在莲灯村及附近村镇零星种植。

【主要特征特性】在南宁6月底种植，生育期198天，植株蔓生，主茎紫色，花紫色，嫩荚绿带紫色、镰刀形，10月中下旬可采摘嫩荚，单株荚数75.5个，单荚粒数3.9粒，荚长6.6cm，成熟荚黄白色，成熟干籽粒黑色、椭圆形，百粒重40.63g。

【利用价值】目前直接应用于生产，种植于房前屋后或荒地，以粗放种植为主。当地农户自行留种、自产自销，以食用鲜嫩豆荚为主。

23. 蒲源蛾眉豆

【采集地】广西桂林市恭城瑶族自治县莲花镇蒲源村。

【类型及分布】属于藊豆属藊豆种（*Lablab purpureus*），在蒲源村及附近村镇零星种植。

【主要特征特性】在南宁 6 月底种植，生育期 132 天，植株蔓生，主茎绿色，花白色，嫩荚翠绿色、镰刀形，10 月初可采摘嫩荚，单株荚数 115.5 个，单荚粒数 3.8 粒，荚长 6.5cm，成熟荚褐色，成熟干籽粒橙色、椭圆形，百粒重 40.63g。

【利用价值】目前直接应用于生产，种植于房前屋后或荒地，以粗放种植为主。当地农户自行留种、自产自销，以食用鲜嫩豆荚为主。

24．三联藕豆

【采集地】广西桂林市恭城瑶族自治县三江乡三联村。

【类型及分布】属于藕豆属藕豆种（*Lablab purpureus*），在三联村及附近村镇零星种植。

【主要特征特性】在南宁 6 月底种植，生育期 158 天，植株蔓生，主茎绿色，花白色，嫩荚白绿色、镰刀形，10 月初可采摘嫩荚，单株荚数 21.6 个，单荚粒数 3.4 粒，荚长 6.2cm，成熟荚黄白色，成熟干籽粒橙色、椭圆形，百粒重 46.21g。

【利用价值】目前直接应用于生产，种植于房前屋后或荒地，以粗放种植为主。当地农户自行留种、自产自销，以食用鲜嫩豆荚为主。

25. 桑源藊豆

【采集地】广西桂林市恭城瑶族自治县莲花镇桑源村。

【类型及分布】属于藊豆属藊豆种（*Lablab purpureus*），在桑源村及附近村镇零星种植。

【主要特征特性】在南宁6月底种植，生育期140天，植株蔓生，主茎紫色，花紫色，嫩荚绿带紫色、镰刀形，9月底可采摘嫩荚，单株荚数43.8个，单荚粒数3.5粒，荚长7.5cm，成熟荚黄白色，成熟干籽粒深褐色、椭圆形，百粒重48.17g。

【利用价值】目前直接应用于生产，种植于房前屋后或荒地，以粗放种植为主。当地农户自行留种、自产自销，以食用鲜嫩豆荚为主。

26. 红泥巴豆

【**采集地**】广西百色市凌云县玉洪瑶族乡那洪村。

【**类型及分布**】属于藊豆属藊豆种（*Lablab purpureus*），因其嫩荚为紫红色而得名，在那洪村及附近村镇零星种植。

【**主要特征特性**】在南宁 6 月底种植，生育期 196 天，植株蔓生，主茎紫色，花紫色，嫩荚紫红色、联珠形，10 月中旬可采摘嫩荚，单株荚数 160.4 个，单荚粒数 3.9 粒，荚长 5.7cm，成熟荚褐色，成熟干籽粒黑色、椭圆形，百粒重 49.01g。

【**利用价值**】目前直接应用于生产，种植于房前屋后或荒地，以粗放种植为主。当地农户自行留种、自产自销，以食用鲜嫩豆荚为主。

27．大平蛾眉豆

【采集地】广西贵港市平南县大新镇大平村。

【类型及分布】属于藊豆属藊豆种（*Lablab purpureus*），在大平村及附近村镇零星种植。

【主要特征特性】在南宁 6 月底种植，生育期 199 天，植株蔓生，主茎紫色，花紫色，嫩荚紫色、镰刀形，10 月中下旬可采摘嫩荚，单株荚数 69.8 个，单荚粒数 4.6 粒，荚长 6.6cm，成熟荚黄色，成熟干籽粒黑色、椭圆形，百粒重 51.13g。

【利用价值】目前直接应用于生产，种植于房前屋后或荒地，以粗放种植为主。当地农户自行留种、自产自销，以食用鲜嫩豆荚为主。

28．龙岗藊豆

【采集地】广西桂林市恭城瑶族自治县西岭镇龙岗村。

【类型及分布】属于藊豆属藊豆种（*Lablab purpureus*），在龙岗村及附近村镇零星种植。

【主要特征特性】在南宁6月底种植，生育期180天，植株蔓生，主茎绿色，花白色，嫩荚浅绿色、镰刀形，9月底可采摘嫩荚，单株荚数70.0个，单荚粒数4.1粒，荚长10.1cm，成熟荚黄白色，成熟干籽粒橙色、椭圆形，百粒重41.51g。

【利用价值】目前直接应用于生产，种植于房前屋后或荒地，以粗放种植为主。当地农户自行留种、自产自销，以食用鲜嫩豆荚为主。

29.桂东藊豆

【采集地】广西桂林市荔浦县新坪镇桂东村。

【类型及分布】属于藊豆属藊豆种（*Lablab purpureus*），在桂东村及附近村镇零星种植。

【主要特征特性】在南宁6月底种植，生育期173天，植株蔓生，主茎绿色，花紫色，嫩荚紫色、镰刀形，9月底可采摘嫩荚，单株荚数64.9个，单荚粒数3.4粒，荚长6.7cm，成熟荚褐色，成熟干籽粒橙色、椭圆形，百粒重37.21g。

【利用价值】目前直接应用于生产，种植于房前屋后或荒地，以粗放种植为主。当地农户自行留种、自产自销，以食用鲜嫩豆荚为主。

30．逻瓦藕豆

【采集地】广西百色市乐业县逻沙乡逻瓦村。

【类型及分布】属于藕豆属藕豆种（*Lablab purpureus*），在逻瓦村及附近村镇零星种植。

【主要特征特性】在南宁6月底种植，生育期158天，植株蔓生，主茎绿紫色，花紫色，嫩荚浅绿色、镰刀形，10月底可采摘嫩荚，单株荚数82.6个，单荚粒数4.1粒，荚长6.2cm，成熟荚黄白色，成熟干籽粒黑色、椭圆形，百粒重38.30g。

【利用价值】目前直接应用于生产，种植于房前屋后或荒地，以粗放种植为主。当地农户自行留种、自产自销，以食用鲜嫩豆荚为主。

31. 清塘蛾眉豆

【采集地】广西贺州市富川瑶族自治县葛坡镇合洞村。

【类型及分布】属于稨豆属稨豆种（*Lablab purpureus*），在合洞村及附近村镇零星种植。

【主要特征特性】在南宁6月底种植，生育期132天，植株蔓生，主茎绿紫色，花紫色，嫩荚绿带紫色、镰刀形，9月底可采摘嫩荚，单株荚数81.1个，单荚粒数3.9粒，荚长7.5cm，成熟荚黄白色，成熟干籽粒橙色、椭圆形，百粒重68.71g。

【利用价值】目前直接应用于生产，种植于房前屋后或荒地，以粗放种植为主。当地农户自行留种、自产自销，以食用鲜嫩豆荚为主。

32．蚌贝蛾眉豆

【采集地】广西贺州市富川瑶族自治县朝东镇蚌贝村。

【类型及分布】属于藊豆属藊豆种（*Lablab purpureus*），在蚌贝村及附近村镇零星种植。

【主要特征特性】在南宁6月底种植，生育期132天，植株蔓生，主茎绿紫色，花紫色，嫩荚绿带紫色、镰刀形，9月底可采摘嫩荚，单株荚数54.2个，单荚粒数2.7粒，荚长7.0cm，成熟荚黄白色，成熟干籽粒深褐色、椭圆形，百粒重46.89g。

【利用价值】目前直接应用于生产，种植于房前屋后或荒地，以粗放种植为主。当地农户自行留种、自产自销，以食用鲜嫩豆荚为主。

第六节　利马豆种质资源

利马豆（*Phaseolus lunatus*）属于豆科（Leguminosae）蝶形花亚科（Papilionoideae）菜豆属栽培种，又名雪豆、洋扁豆、荷包豆、金甲豆、菜豆、白豆等，英文名 lima bean。本次利马豆种质资源调查收集的样本数为 9 份，主要分布在桂东的苍梧县、灵山县、富川瑶族自治县，桂北的荔浦县、恭城瑶族自治县，桂西的凌云县和桂中的宾阳县，海拔分布为 85.3～1132m。分别于 2017 年、2018 年在南宁市武鸣区广西农业科学院里建科研基地进行田间试验鉴定，参照相关的豆类种质资源描述规范和数据标准进行评价，主要调查了生长习性、生育期、花色、单株荚数、单荚粒数、荚色、荚长、粒形、粒色、百粒重等农艺性状。根据田间鉴定的特异性、优良性状筛选出优异种质资源。

本节介绍 9 份利马豆优异种质资源。在介绍利马豆种质资源的信息中，【主要特征特性】所列农艺性状数据均为 2017 年、2018 年田间鉴定数据的平均值。

1．人和利马豆

【采集地】广西梧州市苍梧县岭脚镇人和村。

【类型及分布】属于菜豆属利马豆种（*Phaseolus lunatus*），在人和村及附近村镇零星种植。

【主要特征特性】在南宁6月底种植，生育期157天，植株蔓生，主茎绿色，花白色，嫩荚绿色，成熟荚黄白色，单株荚数103.2个，单荚粒数2.6粒，荚长7.2cm，成熟干籽粒紫红色、扁肾形，百粒重79.01g。

【利用价值】目前直接应用于生产，种植于房前屋后或荒地，以粗放种植为主。当地农户自行留种、自产自销，以食用干籽粒为主，泡水后清炒，口感很粉。

2. 塘肚荷包豆

【采集地】广西钦州市灵山县平南镇塘肚村。

【类型及分布】属于菜豆属利马豆种（*Phaseolus lunatus*），在塘肚村及附近村镇零星种植。

【主要特征特性】在南宁6月底种植，生育期128天，植株蔓生，主茎绿色，花白色，嫩荚绿色，成熟荚黄白色，单株荚数221.0个，单荚粒数2.8粒，荚长6.3cm，成熟干籽粒橙底紫花纹色、椭圆形，百粒重39.91g。

【利用价值】目前直接应用于生产，种植于房前屋后或荒地，以粗放种植为主。当地农户自行留种、自产自销，以食用干籽粒为主，泡水后白灼，口感很粉。

3. 紫扁豆

【采集地】广西梧州市苍梧县沙头镇龙科村。

【类型及分布】属于菜豆属利马豆种（*Phaseolus lunatus*），在龙科村及附近村镇零星种植。

【主要特征特性】在南宁6月底种植，生育期158天，植株蔓生，主茎绿色，花白色，嫩荚绿色，成熟荚黄白色，单株荚数113.1个，单荚粒数3.8粒，荚长8.1cm，成熟干籽粒紫色、矩形，百粒重53.87g。

【利用价值】目前直接应用于生产，种植于房前屋后或荒地，以粗放种植为主。当地农户自行留种、自产自销，以食用干籽粒为主。

4. 解放豆

【采集地】广西南宁市宾阳县黎塘镇补塘村。

【类型及分布】属于菜豆属利马豆种（*Phaseolus lunatus*），在补塘村及附近村镇零星种植。

【主要特征特性】在南宁6月底种植，生育期123天，植株蔓生，主茎绿色，花白色，嫩荚绿色，成熟荚黄白色，单株荚数216.3个，单荚粒数2.8粒，荚长7.2cm，成熟干籽粒紫色、扁肾形，百粒重40.56g。

【利用价值】目前直接应用于生产，种植于房前屋后或荒地，以粗放种植为主。当地农户自行留种、自产自销，以食用干籽粒为主。

5．甲板荷包豆

【采集地】广西桂林市荔浦县蒲芦瑶族乡甲板村。

【类型及分布】属于菜豆属利马豆种（*Phaseolus lunatus*），在甲板村及附近村镇零星种植。

【主要特征特性】在南宁6月底种植，生育期253天，植株蔓生，主茎绿色，花白色，嫩荚绿色，成熟荚黄白色，单株荚数122.6个，单荚粒数3.1粒，荚长9.1cm，成熟干籽粒紫色、扁肾形，百粒重102.32g。

【利用价值】目前直接应用于生产，种植于房前屋后或荒地，以粗放种植为主。当地农户自行留种、自产自销，以食用干籽粒为主。

6．介福荷包豆

【**采集地**】广西百色市凌云县逻楼镇介福村。

【**类型及分布**】属于菜豆属利马豆种（*Phaseolus lunatus*），在介福村及附近村镇零星种植。

【**主要特征特性**】在南宁6月底种植，生育期158天，植株蔓生，主茎绿色，花白色，嫩荚绿色，成熟荚黄白色，单株荚数116.6个，单荚粒数2.7粒，荚长6.5cm，成熟干籽粒黄底紫花纹色、扁肾形，百粒重46.71g。

【**利用价值**】目前直接应用于生产，种植于房前屋后或荒地，以粗放种植为主。当地农户自行留种、自产自销，以食用干籽粒为主。

7．大地荷包豆

【采集地】广西桂林市恭城瑶族自治县三江乡大地村。

【类型及分布】属于菜豆属利马豆种（*Phaseolus lunatus*），在大地村及附近村镇零星种植。

【主要特征特性】在南宁 6 月底种植，生育期 158 天，植株蔓生，主茎绿色，花白色，嫩荚绿色，成熟荚黄白色，单株荚数 180.0 个，单荚粒数 3.1 粒，荚长 6.8cm，成熟干籽粒黄底紫花纹色、椭圆形，百粒重 44.02g。

【利用价值】目前直接应用于生产，种植于房前屋后或荒地，以粗放种植为主。当地农户自行留种、自产自销，以食用干籽粒为主。

8．敏村荷包豆

【采集地】广西百色市凌云县逻楼镇敏村村。

【类型及分布】属于菜豆属利马豆种（*Phaseolus lunatus*），在敏村村及附近村镇零星种植。

【主要特征特性】在南宁 6 月底种植，生育期 198 天，植株蔓生，主茎绿色，花白色，嫩荚绿色，成熟荚黄白色，单株荚数 108.2 个，单荚粒数 3.5 粒，荚长 6.3cm，成熟干籽粒紫红色、扁肾形，百粒重 61.33g。

【利用价值】目前直接应用于生产，种植于房前屋后或荒地，以粗放种植为主。当地农户自行留种、自产自销，以食用干籽粒为主。

9．蚌贝荷豆

【采集地】广西贺州市富川瑶族自治县朝东镇蚌贝村。

【类型及分布】属于菜豆属利马豆种（*Phaseolus lunatus*），在蚌贝村及附近村镇零星种植。

【主要特征特性】在南宁 6 月底种植，生育期 223 天，植株蔓生，主茎绿色，花白色，嫩荚绿色，成熟荚黄白色，单株荚数 115.0 个，单荚粒数 3.0 粒，荚长 8.7cm，成熟干籽粒黄底紫花纹、扁肾形，百粒重 40.30g。

【利用价值】目前直接应用于生产，种植于房前屋后或荒地，以粗放种植为主。当地农户自行留种、自产自销，以食用干籽粒为主。

第七节 蚕豆种质资源

蚕豆（*Vicia faba*）属于豆科（Leguminosae）蝶形花亚科（Papilionoideae）蚕豆属，又名胡豆、佛豆、罗汉豆等，英文名 faba bean、broad bean。蚕豆种质资源主要分布于广西北部的桂林市、柳州市、贺州市，以及高寒山区的百色市隆林各族自治县、那坡县等地，资源数量较少，海拔分布为 115～912m。分别于 2017 年、2018 年在南宁市进行田间试验鉴定，参照《蚕豆种质资源描述规范和数据标准》进行评价，主要调查了生育期、主茎分枝数、花色、嫩荚色、株高、单株荚数、单荚粒数、荚色、荚长、粒形、粒色、百粒重等农艺性状。根据田间鉴定的特异性、优良性状筛选出优异种质资源。

本节介绍 15 份蚕豆优异种质资源。在介绍蚕豆种质资源的信息中，【主要特征特性】所列农艺性状数据均为 2017 年、2018 年田间鉴定数据的平均值。

1. 巴内蚕豆

【采集地】广西百色市隆林各族自治县者保乡巴内村。

【类型及分布】属于豆科蚕豆属蚕豆种（*Vicia faba*），在巴内村及附近村镇零星种植。

【主要特征特性】在南宁 11 月初种植，生育期 148 天，株高 75.0cm，主茎分枝数 4.4 个，单株荚数 31.7 个，单荚粒数 2.2 粒，荚长 7.4cm，花旗瓣白带紫纹色，翼瓣深褐色，小叶椭圆形、叶缘平滑，嫩荚绿色、表面平滑、荚姿直立，鲜籽粒浅绿色，成熟豆荚黑褐色、

软荚，干籽粒阔薄形，种皮浅褐色，百粒重 80.11g，单株产量为 36.0g。

【利用价值】目前直接应用于生产，一般 10 月底播种，春节左右可收获青荚，翌年 4 月收获干籽粒。当地农户自行留种、自产自销，以食用籽粒为主。

2．排埠江蚕豆

【采集地】广西桂林市灌阳县灌阳镇排埠江村。

【类型及分布】属于豆科蚕豆属蚕豆种（*Vicia faba*），在排埠江村及附近村镇零星种植。

【主要特征特性】在南宁 11 月初种植，生育期 139 天，株高 74.0cm，主茎分枝数 4.9 个，单株荚数 29.8 个，单荚粒数 1.9 粒，荚长 8.1cm，花旗瓣紫色，翼瓣深褐色，小叶椭圆形、叶缘平滑，嫩荚绿色、表面平滑、荚姿直立，鲜籽粒浅绿色，成熟豆荚黑褐色、软荚，干籽粒阔薄形，种皮浅褐色，百粒重 75.73g，单株产量为 41.7g。

【利用价值】目前直接应用于生产，当地农户自行留种、自产自销，以食用籽粒为主，常将青荚剥粒做菜，秸秆作为绿肥还田。

3. 力头蚕豆

【采集地】广西桂林市兴安县湘漓镇力头村。

【类型及分布】属于豆科蚕豆属蚕豆种（*Vicia faba*），在力头村及附近村镇零星种植。

【主要特征特性】在南宁 11 月初种植，生育期 144 天，株高 71.9cm，主茎分枝数 4.1 个，单株荚数 31.8 个，单荚粒数 2.3 粒，荚长 7.9cm，花旗瓣紫色，翼瓣深褐色，小叶椭圆形、叶缘平滑，嫩荚绿色、表面平滑、荚姿直立，鲜籽粒浅绿色，成熟豆荚黑褐色、软荚，干籽粒阔薄形，种皮浅绿色，百粒重 58.41g，单株产量为 31.4g。

【利用价值】目前直接应用于生产，当地农户自行留种、自产自销，以食用籽粒为主，常用鲜籽粒做菜。

4．渡头蚕豆

【采集地】广西桂林市阳朔县福利镇渡头村。

【类型及分布】属于豆科蚕豆属蚕豆种（*Vicia faba*），在渡头村及附近村镇零星种植。

【主要特征特性】在南宁 11 月初种植，生育期 143 天，株高 74.4cm，主茎分枝数 5.3 个，单株荚数 33.8 个，单荚粒数 2.3 粒，荚长 8.2cm，花旗瓣紫色，翼瓣深褐色，小叶椭圆形、叶缘平滑，嫩荚绿色、表面平滑、荚姿直立，鲜籽粒浅绿色，成熟豆荚黑褐色、软荚，干籽粒阔薄形，种皮浅褐色，百粒重 80.78g，单株产量为 48.9g。

【利用价值】目前直接应用于生产，当地农户自行留种、自产自销，以食用籽粒为主，常用鲜籽粒做菜，秸秆作为绿肥还田。

5. 马元蚕豆

【采集地】广西百色市那坡县龙合镇马元村。

【类型及分布】属于豆科蚕豆属蚕豆种（*Vicia faba*），在马元村及附近村镇零星种植。

【主要特征特性】在南宁 11 月初种植，生育期 137 天，株高 60.4cm，主茎分枝数 3.2 个，单株荚数 31.4 个，单荚粒数 2.7 粒，荚长 6.6cm，花旗瓣白带紫纹色，翼瓣深褐色、小叶椭圆形、叶缘平滑，嫩荚绿色、表面平滑、荚姿直立，鲜籽粒浅绿色，成熟豆荚黑褐色、软荚，干籽粒阔薄形，种皮浅褐色，百粒重 72.79g，单株产量为 42.4g。

【利用价值】目前直接应用于生产，当地农户自行留种、自产自销，以食用籽粒为主。

6. 沙子蚕豆

【采集地】广西桂林市平乐县沙子镇沙子村。

【类型及分布】属于豆科蚕豆属蚕豆种（*Vicia faba*），在沙子村及附近村镇零星种植。

【主要特征特性】在南宁 11 月初种植，生育期 124 天，株高 50.0cm，主茎分枝数 2.1 个，单株荚数 13.8 个，单荚粒数 2.6 粒，荚长 7.3cm，花旗瓣白带紫纹色，翼瓣深褐色，小叶椭圆形、叶缘平滑，嫩荚绿色、表面平滑、荚姿直立，鲜籽粒浅绿色，成熟豆荚黑褐色、软荚，干籽粒阔薄形，种皮浅绿色，百粒重 82.34g，单株产量为 29.4g。

【利用价值】目前直接应用于生产，当地农户自行留种、自产自销，以食用籽粒为主。

7. 渔洞蚕豆

【采集地】广西桂林市永福县永福镇渔洞村。

【类型及分布】属于豆科蚕豆属蚕豆种（*Vicia faba*），在渔洞村及附近村镇零星种植。

【主要特征特性】在南宁 11 月初种植，生育期 124 天，株高 64.4cm，主茎分枝数 2.5 个，单株荚数 21.1 个，单荚粒数 2.0 粒，荚长 7.6cm，花旗瓣白带紫纹色，翼瓣深褐色、小叶椭圆形、叶缘平滑、嫩荚绿色、表面平滑、荚姿直立、鲜籽粒浅绿色、成熟豆荚黑褐色、软荚，干籽粒阔薄形，种皮深褐色，百粒重 89.53g，单株产量为 36.5g。

【利用价值】目前直接应用于生产，当地农户自行留种、自产自销，以食用籽粒为主。

8. 甘棠蚕豆

【采集地】广西桂林市灵川县灵川镇甘棠村。

【类型及分布】属于豆科蚕豆属蚕豆种（*Vicia faba*），在甘棠村及附近村镇零星种植。

【主要特征特性】在南宁 11 月初种植，生育期 130 天，株高 49.5cm，主茎分枝数 2.5 个，单株荚数 12.3 个，单荚粒数 2.5 粒，荚长 7.5cm，花旗瓣白带紫纹色，翼瓣深褐色，小叶椭圆形、叶缘平滑，嫩荚绿色、表面平滑、荚姿直立，鲜籽粒浅绿色，成熟豆荚黑褐色、软荚，干籽粒阔薄形，种皮深褐色，百粒重 83.01g，单株产量为 25.5g。

【利用价值】目前直接应用于生产，当地农户自行留种、自产自销，以食用籽粒为主。

9. 浪平蚕豆

【采集地】广西百色市田林县浪平镇浪平村。

【类型及分布】属于豆科蚕豆属蚕豆种（*Vicia faba*），在浪平村及附近村镇零星种植。

【主要特征特性】在南宁 11 月初种植，生育期 123 天，株高 61.6cm，主茎分枝数 2.8 个，单株荚数 17.8 个，单荚粒数 2.5 粒，荚长 6.3cm，花旗瓣白带紫纹色，翼瓣深褐色，小叶椭圆形、叶缘平滑，嫩荚绿色、表面平滑、荚姿直立，鲜籽粒浅绿色，成熟豆荚黑褐色、软荚，干籽粒阔薄形，种皮浅褐色，百粒重 67.53g，单株产量为 29.8g。

【利用价值】目前直接应用于生产，当地农户自行留种、自产自销，以食用籽粒为主。

10. 新圩蚕豆

【采集地】广西桂林市灌阳县新圩镇新圩村。

【类型及分布】属于豆科蚕豆属蚕豆种（*Vicia faba*），在新圩村及附近村镇零星种植。

【主要特征特性】在南宁11月初种植，生育期125天，株高57.2cm，主茎分枝数2.6个，单株荚数16.2个，单荚粒数2.5粒，荚长7.4cm，花旗瓣白带紫纹色，翼瓣深褐色，小叶椭圆形、叶缘平滑，嫩荚绿色、表面平滑、荚姿直立，鲜籽粒浅绿色，成熟豆荚黑褐色、软荚，干籽粒阔薄形，种皮深褐色，百粒重72.55g，单株产量为29.6g。

【利用价值】目前直接应用于生产，当地农户自行留种、自产自销，以食用籽粒为主。

11．大楞蚕豆

【采集地】广西百色市右江区大楞乡大楞村。

【类型及分布】属于豆科蚕豆属蚕豆种（*Vicia faba*），在大楞村及附近村镇零星种植。

【主要特征特性】在南宁 11 月初种植，生育期 139 天，株高 47.7cm，主茎分枝数 2.2 个，单株荚数 13.0 个，单荚粒数 2.5 粒，荚长 4.4cm，花旗瓣白带褐纹色，翼瓣深褐色，小叶椭圆形、叶缘平滑，嫩荚绿色、表面平滑、荚姿直立，鲜籽粒浅白色，成熟豆荚黑褐色、软荚，干籽粒阔薄形，种皮浅褐色，百粒重 24.89g，单株产量为 7.8g。

【利用价值】目前直接应用于生产，当地农户自行留种、自产自销，以食用籽粒为主。

12．大西江蚕豆

【采集地】广西桂林市全州县大西江镇大西江村。

【类型及分布】属于豆科蚕豆属蚕豆种（*Vicia faba*），在大西江村及附近村镇零星种植。

【主要特征特性】在南宁 11 月初种植，生育期 139 天，株高 63.2cm，主茎分枝数 2.2 个，单株荚数 18.0 个，单荚粒数 2.8 粒，荚长 6.7cm，花旗瓣白带紫纹色，翼瓣深褐色，小叶椭圆形、叶缘平滑，嫩荚绿色、表面平滑、荚姿直立，鲜籽粒浅白色，成熟豆荚黑褐色、软荚，干籽粒阔薄形，种皮浅绿色，百粒重 56.91g，单株产量为 28.3g。

【利用价值】目前直接应用于生产，当地农户自行留种、自产自销，以食用籽粒为主。

13．烟墩蚕豆

【采集地】广西钦州市灵山县烟墩镇烟墩村。

【类型及分布】属于豆科蚕豆属蚕豆种（*Vicia faba*），在烟墩村及附近村镇零星种植。

【主要特征特性】在南宁 11 月初种植，生育期 118 天，株高 62.2cm，主茎分枝数 1.5 个，单株荚数 8.7 个，单荚粒数 2.7 粒，荚长 6.7cm，花旗瓣白带紫纹色，翼瓣深褐色、小叶椭圆形、叶缘平滑，嫩荚绿色、表面平滑、荚姿直立，鲜籽粒浅绿色，成熟豆荚黑褐色、软荚，干籽粒阔薄形，种皮浅褐色，百粒重 52.23g，单株产量为 12.5g。

【利用价值】目前直接应用于生产，当地农户自行留种、自产自销，以食用籽粒为主。

14. 巴烈蚕豆

【采集地】广西河池市凤山县凤城镇巴烈村。

【类型及分布】属于豆科蚕豆属蚕豆种（*Vicia faba*），在巴烈村及附近村镇零星种植。

【主要特征特性】在南宁 11 月初种植，生育期 118 天，株高 59.6cm，主茎分枝数 1.8 个，单株荚数 6.5 个，单荚粒数 2.7 粒，荚长 6.7cm，花旗瓣白带紫纹色，翼瓣深褐色，小叶椭圆形、叶缘平滑，嫩荚绿色、表面平滑、荚姿直立，鲜籽粒浅白色，成熟豆荚黑褐色、软荚，干籽粒阔薄形，种皮浅绿色，百粒重 56.41g，单株产量为 10.8g。

【利用价值】目前直接应用于生产，当地农户自行留种、自产自销，以食用籽粒为主。

15. 木吉蚕豆

【采集地】广西柳州市融安县板榄镇木吉村。

【类型及分布】属于豆科蚕豆属蚕豆种（*Vicia faba*），在木吉村及附近村镇零星种植。

【主要特征特性】在南宁 11 月初种植，生育期 124 天，株高 57.8cm，主茎分枝数 2.4 个，单株荚数 11.4 个，单荚粒数 2.8 粒，荚长 8.0cm，花旗瓣白带褐纹色，翼瓣深褐色，小叶椭圆形、叶缘平滑，嫩荚绿色、表面平滑、荚姿直立，鲜籽粒浅绿色，成熟豆荚黑褐色、软荚，干籽粒阔薄形，种皮浅褐色，百粒重 70.32g，单株产量为 25.5g。

【利用价值】目前直接应用于生产，当地农户自行留种、自产自销，以食用籽粒为主。

第八节　豌豆种质资源

　　豌豆（*Pisum sativum*）属于豆科（Leguminosae）蝶形花亚科（Papilionoideae）豌豆属，又名麦豌豆、雪豆、寒豆、麦豆等，英文名 pea、field pea 或 garden pea，荚型有软荚和硬荚两种，软荚豌豆别名荷兰豆。豌豆种质资源分布较为零散，资源数量较少，在贵港市、崇左市、桂林市、百色市等地零星分布，海拔分布为 110～1349m。分别于 2017 年、2018 年在南宁市武鸣区广西农业科学院里建科研基地进行田间试验鉴定，参照《豌豆种质资源描述规范和数据标准》进行评价，主要调查了生长习性、生育期、主茎分枝数、花色、嫩荚色、株高、单株荚数、单荚粒数、荚长、荚形、粒形、粒色、百粒重等农艺性状。根据田间鉴定的特异性、优良性状筛选出优异种质资源。

　　本节介绍 16 份豌豆优异种质资源。在介绍豌豆种质资源的信息中，【主要特征特性】所列农艺性状数据均为 2017 年、2018 年田间鉴定数据的平均值。

1. 石咀冬豆

　　【采集地】广西贵港市桂平市石咀镇榄沙村。

　　【类型及分布】属于豆科豌豆属豌豆种（*Pisum sativum*），为当地农家品种，俗称冬豆，在榄沙村及附近村镇零星种植。

　　【主要特征特性】在南宁 10 月底种植，生育期 115 天，植株半蔓生型，叶绿色，叶表剥蚀斑较多，叶腋花青斑明显，复叶叶型为普通型，花紫红色、多花花序，株高 179.2cm，主茎分枝数 2.1 个，单株荚数 21.9 个，单荚粒数 7.6 粒，荚长 10.1cm，嫩荚绿色、直形、硬荚，鲜籽粒绿色、球形，干籽粒扁球形、表面凹坑，种皮褐色，百粒重 27.43g，单株干籽粒产量为 39.4g。

【利用价值】目前直接应用于生产，一般 10 月底播种，翌年 1 月左右可收获青荚，2 月收获干籽粒。当地农户自行留种、自产自销，以食用鲜籽粒为主。

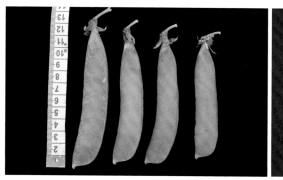

2. 榕豆

【采集地】广西南宁市上林县三里镇双吴村。

【类型及分布】属于豆科豌豆属豌豆种（*Pisum sativum*），为当地农家品种，在双

吴村及附近村镇零星种植。

【主要特征特性】在南宁 10 月底种植，生育期 120 天，植株半蔓生型，叶浅绿色，叶表剥蚀斑较多，叶腋花青斑明显，复叶叶型为普通型，花紫红色、多花花序，株高 213.5cm，主茎分枝数 2.1 个，单株荚数 23.7 个，单荚粒数 5.2 粒，荚长 6.7cm，嫩荚绿色、直形、硬荚，鲜籽粒绿色、球形，干籽粒扁球形、表面凹坑，种皮褐色，百粒重 29.12g，单株干籽粒产量为 37.2g。

【利用价值】目前直接应用于生产，一般 10 月底播种，翌年 1 月左右可收获青荚，2 月收获干籽粒。当地农户自行留种、自产自销，以食用鲜籽粒为主。

3. 富阳豌豆

【采集地】广西贺州市富川瑶族自治县富阳镇。

【类型及分布】属于豆科豌豆属豌豆种（*Pisum sativum*），在富阳镇及附近村镇零星种植。

【主要特征特性】在南宁 10 月底种植，生育期 140 天，植株半蔓生型，叶绿色，叶表剥蚀斑较多，叶腋花青斑明显，复叶叶型为普通型，花紫红色、多花花序，株高 209.7cm，主茎分枝数 2.3 个，单株荚数 16.3 个，单荚粒数 6.7 粒，荚长 7.8cm，嫩荚绿色、直形、硬荚，鲜籽粒绿色、球形，干籽粒扁球形、表面凹坑，种皮褐色，百粒重 31.7g，单株干籽粒产量为 32.71g。

【利用价值】目前直接应用于生产，一般10月底播种，翌年1月左右可收获青荚，3月收获干籽粒。当地农户自行留种、自产自销，以食用鲜籽粒为主。

4. 大荚菜豆

【采集地】广西防城港市上思县思阳镇江平村。

【类型及分布】属于豆科豌豆属豌豆种（*Pisum sativum*），当地称大荚菜豆，在江平村及附近村镇零星种植。

【主要特征特性】在南宁10月底种植，生育期130天，植株半蔓生型，叶绿色，叶表剥蚀斑较多，叶腋花青斑明显，复叶叶型为普通型，花紫红色、多花花序，株高170.3cm，主茎分枝数1.6个，单株荚数14.8个，单荚粒数7.3粒，荚长7.2cm，嫩荚绿色、联珠形、软荚，鲜籽粒绿色、球形，干籽粒扁球形、表面凹坑，种皮褐色，百粒重21.78g，单株干籽粒产量为23.8g，高抗白粉病。

【利用价值】目前在生产上直接应用，一般10月底播种，翌年1月左右可收获青荚，3月收获干籽粒。当地农户自行留种、自产自销，以食用鲜嫩荚为主，鲜嫩荚用作当地冬季蔬菜。可作为豌豆抗白粉病育种亲本。

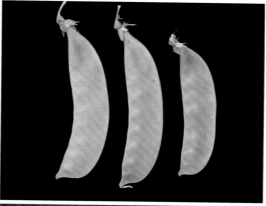

5. 麦豆

【采集地】广西崇左市江州区江州镇保安村。

【类型及分布】属于豆科豌豆属豌豆种（*Pisum sativum*），在保安村及附近村镇零星种植。

【主要特征特性】在南宁10月底种植，生育期132天，植株半蔓生型，叶绿色，叶表剥蚀斑较多，叶腋花青斑明显，复叶叶型为普通型，花紫红色、多花花序，株高118.7cm，主茎分枝数1.2个，单株荚数10.9个，单荚粒数5.9粒，荚长7.2cm，嫩荚绿色、直形、硬荚，鲜籽粒绿色、球形，干籽粒扁球形、表面凹坑，种皮褐色，百粒重23.83g，单株干籽粒产量为14.9g。

【利用价值】目前在生产上直接应用，一般10月底播种，翌年1月左右可收获青荚，3月收获干籽粒。当地农户自行留种、自产自销，以食用鲜籽粒为主。

6. 连全豌豆

【采集地】广西崇左市凭祥市凭祥镇连全村。

【类型及分布】属于豆科豌豆属豌豆种（*Pisum sativum*），在连全村及附近村镇零星种植。

【主要特征特性】在南宁 10 月底种植，生育期 125 天，植株半蔓生型，叶绿色，叶表剥蚀斑较多，叶腋花青斑明显，复叶叶型为普通型，花紫红色、多花花序，株高 172.3cm，主茎分枝数 1.7 个，单株荚数 17.0 个，单荚粒数 4.6 粒，荚长 8.0cm，嫩荚绿色、联珠形、软荚，鲜籽粒绿色、球形，干籽粒扁球形、表面凹坑，种皮浅褐色，百粒重 40.92g，单株干籽粒产量为 31.8g，高抗白粉病。

【利用价值】目前在生产上直接应用，一般 10 月底播种，翌年 1 月左右可收获青荚，3 月底收获干籽粒。当地农户自行留种、自产自销，以食用鲜嫩荚为主。可在豌豆育种中作为优良亲本。

7. 江同豌豆1

【采集地】广西百色市隆林各族自治县者保乡江同村。

【类型及分布】属于豆科豌豆属豌豆种（*Pisum sativum*），在江同村及附近村镇零星种植。

【主要特征特性】在南宁10月底种植，生育期144天，植株半蔓生型，叶深绿色，叶表剥蚀斑较少，叶腋无花青斑，复叶叶型为无叶型，花白色、多花花序，株高130.6cm，主茎分枝数1.8个，单株荚数16.0个，单荚粒数4.0粒，荚长6.7cm，嫩荚绿色、直形、硬荚，鲜籽粒绿色、球形，干籽粒球形、表面光滑，种皮淡黄色，百粒重14.64g，单株干籽粒产量为6.4g，高抗白粉病。

【利用价值】目前在生产上直接应用，一般10月底播种，翌年2月左右可收获青荚，3月收获干籽粒。当地农户自行留种、自产自销，以食用鲜籽粒为主。可作为豌豆抗白粉病育种亲本。

6. 连全豌豆

【采集地】广西崇左市凭祥市凭祥镇连全村。

【类型及分布】属于豆科豌豆属豌豆种（*Pisum sativum*），在连全村及附近村镇零星种植。

【主要特征特性】在南宁10月底种植，生育期125天，植株半蔓生型，叶绿色，叶表剥蚀斑较多，叶腋花青斑明显，复叶叶型为普通型，花紫红色、多花花序，株高172.3cm，主茎分枝数1.7个，单株荚数17.0个，单荚粒数4.6粒，荚长8.0cm，嫩荚绿色、联珠形、软荚，鲜籽粒绿色、球形，干籽粒扁球形、表面凹坑，种皮浅褐色，百粒重40.92g，单株干籽粒产量为31.8g，高抗白粉病。

【利用价值】目前在生产上直接应用，一般10月底播种，翌年1月左右可收获青荚，3月底收获干籽粒。当地农户自行留种、自产自销，以食用鲜嫩荚为主。可在豌豆育种中作为优良亲本。

7. 江同豌豆1

【采集地】广西百色市隆林各族自治县者保乡江同村。

【类型及分布】属于豆科豌豆属豌豆种（*Pisum sativum*），在江同村及附近村镇零星种植。

【主要特征特性】在南宁10月底种植，生育期144天，植株半蔓生型，叶深绿色，叶表剥蚀斑较少，叶腋无花青斑，复叶叶型为无叶型，花白色、多花花序，株高130.6cm，主茎分枝数1.8个，单株荚数16.0个，单荚粒数4.0粒，荚长6.7cm，嫩荚绿色、直形、硬荚，鲜籽粒绿色、球形，干籽粒球形、表面光滑，种皮淡黄色，百粒重14.64g，单株干籽粒产量为6.4g，高抗白粉病。

【利用价值】目前在生产上直接应用，一般10月底播种，翌年2月左右可收获青荚，3月收获干籽粒。当地农户自行留种、自产自销，以食用鲜籽粒为主。可作为豌豆抗白粉病育种亲本。

8．江同豌豆 2

【采集地】广西百色市隆林各族自治县者保乡江同村。

【类型及分布】属于豆科豌豆属豌豆种（*Pisum sativum*），在江同村及附近村镇零星种植。

【主要特征特性】在南宁 10 月底种植，生育期 151 天，植株半蔓生型，叶绿色，叶表剥蚀斑较少，叶腋无花青斑，复叶叶型为普通型，花白色、多花花序，株高131.2cm，主茎分枝数 1.0 个，单株荚数 15.2 个，单荚粒数 3.8 粒，荚长 6.0cm，嫩荚绿色、直形、硬荚，鲜籽粒绿色、球形，干籽粒球形、表面光滑，种皮淡黄色，百粒重 9.97g，单株干籽粒产量为 5.6g，易感白粉病。

【利用价值】目前在生产上直接应用，一般 10 月底播种，翌年 2 月左右可收获青荚，3 月底收获干籽粒。当地农户自行留种、自产自销，以食用鲜籽粒为主。

9. 古乐豌豆

【采集地】广西桂林市阳朔县普益乡古乐村。

【类型及分布】属于豆科豌豆属豌豆种（*Pisum sativum*），在古乐村及附近村镇零星种植。

【主要特征特性】在南宁 10 月底种植，生育期 143 天，植株半蔓生型，叶浅绿色，叶表无剥蚀斑，叶腋无花青斑，复叶叶型为普通型，花白色、多花花序，株高 181.0cm，主茎分枝数 0.4 个，单株荚数 7.6 个，单荚粒数 4.1 粒，荚长 11.6cm，嫩荚绿色、直形、硬荚，鲜籽粒绿色、球形，干籽粒球形、表面光滑，种皮淡黄色，百粒重 12.30g，单株干籽粒产量为 3.6g，易感白粉病。

【利用价值】目前在生产上直接应用，一般 10 月底播种，翌年 2 月左右可收获青荚，3 月收获干籽粒。当地农户自行留种、自产自销，以食用鲜籽粒为主。

W117   P450321010

10. 新村豌豆

【采集地】广西桂林市阳朔县金宝乡新村村。

【类型及分布】属于豆科豌豆属豌豆种（*Pisum sativum*），在新村村及附近村镇零星种植。

【主要特征特性】在南宁10月底种植，生育期141天，植株半蔓生型，叶绿色，叶表剥蚀斑较多，叶腋花青斑明显，复叶叶型为普通型，花白色、多花花序，株高192.3cm，主茎分枝数1.1个，单株荚数7.9个，单荚粒数3.8粒，荚长6.8cm，嫩荚绿色、直形、硬荚，鲜籽粒绿色、球形，干籽粒扁球形、表面凹坑，种皮褐色，百粒重9.71g，单株干籽粒产量为3.4g，易感白粉病。

【利用价值】目前在生产上直接应用，一般10月底播种，翌年2月左右可收获青荚，3月收获干籽粒。当地农户自行留种、自产自销，以食用鲜籽粒为主。

11. 排埠江豌豆

【采集地】广西桂林市灌阳县灌阳镇排埠江村。

【类型及分布】属于豆科豌豆属豌豆种（*Pisum sativum*），在排埠江村及附近村镇零星种植。

【主要特征特性】在南宁 10 月底种植，生育期 136 天，植株半蔓生型，叶浅绿色，叶表剥蚀斑较少，叶腋无花青斑，复叶叶型为普通型，花白色、多花花序，株高162.6cm，主茎分枝数 1.0 个，单株荚数 7.4 个，单荚粒数 4.1 粒，荚长 7.2cm，嫩荚绿色、直形、硬荚，鲜籽粒绿色、球形，干籽粒球形、表面光滑，种皮淡黄色，百粒重15.13g，单株干籽粒产量为 4.2g，易感白粉病。

【利用价值】目前在生产上直接应用，一般 10 月底播种，翌年 2 月左右可收获青荚，3 月收获干籽粒。当地农户自行留种、自产自销，以食用鲜籽粒为主。

12. 马元豌豆

【采集地】广西百色市那坡县龙合镇马元村。

【类型及分布】属于豆科豌豆属豌豆种（*Pisum sativum*），在马元村及附近村镇零星种植。

【主要特征特性】在南宁10月底种植，生育期121天，植株半蔓生型，叶浅绿色，叶表剥蚀斑较少，叶腋花青斑明显，复叶叶型为普通型，花紫红色、多花花序，株高199.2cm，主茎分枝数1.0个，单株荚数10.6个，单荚粒数3.8粒，荚长6.5cm，嫩荚绿色、联珠形、软荚，鲜籽粒绿色、球形，干籽粒扁球形、表面凹坑，种皮褐色，百粒重18.10g，单株干籽粒产量为6.4g，易感白粉病。

【利用价值】目前在生产上直接应用，一般10月底播种，翌年1月左右可收获青荚，3月收获干籽粒。当地农户自行留种、自产自销，以食用鲜嫩荚为主。

13．共合豌豆

【采集地】广西百色市那坡县龙合镇共合村。

【类型及分布】属于豆科豌豆属豌豆种（*Pisum sativum*），在共合村及附近村镇零星种植。

【主要特征特性】在南宁10月底种植，生育期143天，植株半蔓生型，叶浅绿色，叶表剥蚀斑较少，叶腋花青斑明显，复叶叶型为普通型，花紫红色、多花花序，株高176.0cm，主茎分枝数1.2个，单株荚数9.8个，单荚粒数4.4粒，荚长7.3cm，嫩荚绿色、镰刀形、软荚，鲜籽粒绿色、球形，干籽粒扁球形、表面凹坑，种皮褐色，百粒重19.77g，单株干籽粒产量为8.7g，易感白粉病。

【利用价值】目前在生产上直接应用，一般10月底播种，翌年2月左右可收获青荚，3月收获干籽粒。当地农户自行留种、自产自销，以食用鲜嫩荚为主。

14．三冲豌豆

【采集地】广西百色市隆林各族自治县德峨镇三冲村。

【类型及分布】属于豆科豌豆属豌豆种（*Pisum sativum*），在三冲村及附近村镇零星种植。

【主要特征特性】在南宁 10 月底种植，生育期 146 天，植株半蔓生型，叶浅绿色，叶表剥蚀斑较少，叶腋无花青斑，复叶叶型为普通型，花白色、多花花序，株高173.2cm，主茎分枝数 1.4 个，单株荚数 13.4 个，单荚粒数 4.2 粒，荚长 8.1cm，嫩荚绿色、直形、硬荚，鲜籽粒绿色、球形，干籽粒扁球形、表面凹坑，种皮褐色，百粒重 16.51g，单株干籽粒产量为 7.3g，易感白粉病。

【利用价值】目前在生产上直接应用，一般 10 月底播种，翌年 2 月左右可收获青荚，3 月收获干籽粒。当地农户自行留种、自产自销，以食用鲜籽粒为主。

15. 八江豌豆

【采集地】广西柳州市三江侗族自治县八江乡。

【类型及分布】属于豆科豌豆属豌豆种（*Pisum sativum*），在八江乡及附近村镇零星种植。

【主要特征特性】在南宁 10 月底种植，生育期 133 天，植株半蔓生型，叶浅绿色，叶表剥蚀斑较少，叶腋花青斑明显，复叶叶型为普通型，花紫红色、多花花序，株高 168.5cm，主茎分枝数 3.9 个，单株荚数 26.1 个，单荚粒数 7.5 粒，荚长 8.9cm，嫩荚绿色、联珠形、软荚，鲜籽粒绿色、球形，干籽粒扁球形、表面凹坑，种皮褐色，百粒重 35.00g，单株干籽粒产量为 68.5g，抗白粉病。

【利用价值】目前在生产上直接应用，一般 10 月底播种，翌年 1 月初可收获青荚，3 月收获干籽粒。当地农户自行留种、自产自销，以食用嫩茎叶、鲜嫩荚为主。可作为豌豆抗白粉病育种亲本。

16. 灵马豌豆

【采集地】广西南宁市武鸣区灵马镇。

【类型及分布】属于豆科豌豆属豌豆种（*Pisum sativum*），在灵马镇及附近村镇零星种植。

【主要特征特性】在南宁10月底种植，生育期141天，植株半蔓生型，叶浅绿色，叶表剥蚀斑较少，叶腋花青斑明显，复叶叶型为普通型，花紫红色、多花花序，株高170.8cm，主茎分枝数2.6个，单株荚数20.8个，单荚粒数8.3粒，荚长8.1cm，嫩荚绿色、联珠形、软荚，鲜籽粒绿色、球形，干籽粒扁球形、表面凹坑，种皮褐色，百粒重40.21g，单株干籽粒产量为64.9g。

【利用价值】目前在生产上直接应用，一般10月底播种，翌年1月中旬可收获青荚，3月收获干籽粒。当地农户自行留种、自产自销，以食用嫩茎叶、鲜嫩荚为主。

第九节　黎豆种质资源

黎豆（*Mucuna pruriens* var. *utilis*）属于豆科（Leguminosae）蝶形花亚科（Papilionoideae）黎豆属的一个变种，又名狗爪豆、猫爪豆、龙爪豆、狗儿豆、猫豆等，英文名 velvet bean。本次黎豆种质资源调查收集的样本数为 32 份，分布在本次调查的 14 个市 27 个县（市、区），仅有贵港市未收集到资源。黎豆属于热季豆类，主要分布在低海拔地区，海拔分布为 56～660m。分别于 2017 年、2018 年在南宁市武鸣区广西农业科学院里建科研基地进行田间试验鉴定，参照相关的豆类种质资源描述规范和数据标准进行评价，主要调查了生长习性、生育期、株高、主茎分枝数、单株荚数、单荚粒数、荚色、荚长、荚形、粒形、粒色、百粒重等农艺性状。根据田间鉴定的特异性、优良性状筛选出优异种质资源。

本节介绍 23 份黎豆优异种质资源。在介绍黎豆种质资源的信息中，【主要特征特性】所列农艺性状数据均为 2017 年、2018 年田间鉴定数据的平均值。

1. 对面岭猫豆

【采集地】广西桂林市恭城瑶族自治县三江乡对面岭村。

【类型及分布】属于豆科黎豆属黎豆种（*Mucuna pruriens* var. *utilis*），在对面岭村及附近村镇零星种植。

【主要特征特性】在南宁 7 月初种植，生育期 249 天，植株攀缘性强，主茎绿色，叶脉、叶柄绿色，花白色，株高 544.0cm，主茎分枝数 1.6 个，主茎节数 32 节，单株荚数 98.9 个，每花序结荚数 12.0 个，单荚粒数 5.4 粒，荚长 11.3cm，荚宽 1.8cm，成熟豆荚黑色、镰刀形，豆荚茸毛较多，豆壳坚硬、豆荚开裂性较好，籽粒椭圆形，种皮灰白色，百粒重 100.3g，单株产量为 327.4g。

【利用价值】目前直接应用于生产，种植于荒地或房前屋后，主要由农户自行留种、自产自销，以食用嫩荚或籽粒为主。

2. 峙浪猫豆

【采集地】广西崇左市宁明县峙浪乡峙浪社区。

【类型及分布】属于豆科黎豆属黎豆种（*Mucuna pruriens* var. *utilis*），在峙浪社区及附近村镇零星种植。

【主要特征特性】在南宁 7 月初种植，生育期 188 天，植株攀缘性强，主茎绿色，叶脉、叶柄绿色，花紫色，株高 497.6cm，主茎分枝数 2.4 个，主茎节数 32.6 个，单株

荚数 126.0 个，每花序结荚数 16.7 个，单荚粒数 4.6 粒，荚长 11.9cm、荚宽 1.5cm，成熟豆荚黑色、镰刀形，豆荚茸毛较多，豆壳坚韧、豆荚开裂性较差，籽粒椭圆形，种皮黑色，百粒重 104.19g，单株产量为 529.1g。

【利用价值】目前直接应用于生产，种植于荒地或房前屋后，主要由农户自行留种、自产自销，以食用嫩荚或籽粒为主。

3. 介福猫豆

【采集地】广西百色市凌云县逻楼镇介福村。

【类型及分布】属于豆科黎豆属黎豆种（*Mucuna pruriens* var. *utilis*），在介福村及附近村镇零星种植。

【主要特征特性】在南宁 7 月初种植，生育期 249 天，植株攀缘性强，主茎绿色，叶脉、叶柄绿色，花紫色，株高 626.0cm，主茎分枝数 2.2 个，主茎节数 40.0 个，单株荚数 123.4 个，每花序结荚数 14.5 个，单荚粒数 4.8 粒，荚长 10.5cm、荚宽 1.5cm，成熟豆荚黑色、镰刀形，豆荚茸毛较多，豆壳坚硬、豆荚开裂性较好，籽粒椭圆形，种皮灰白色，百粒重 93.54g，单株产量为 450.5g。

【利用价值】目前直接应用于生产，种植于荒地或房前屋后，主要由农户自行留种、自产自销，以食用嫩荚或籽粒为主。

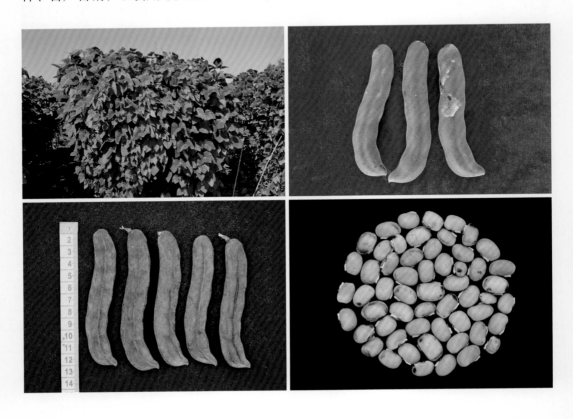

4. 龙美猫豆

【采集地】广西柳州市柳城县古砦仫佬族乡龙美村。

【类型及分布】属于豆科黎豆属黎豆种（*Mucuna pruriens* var. *utilis*），在龙美村及附近村镇零星种植。

【主要特征特性】在南宁7月初种植，生育期157天，植株攀缘性强，主茎绿色，叶脉、叶柄绿色，花白色，株高432.0cm，主茎分枝数2.6个，主茎节数27.0个，单株荚数113.5个，每花序结荚数9.4个，单荚粒数4.8粒，荚长11.8cm、荚宽1.8cm，成熟豆荚黑色、镰刀形，豆荚茸毛较多，豆壳较韧、豆荚开裂性较差，籽粒椭圆形，种皮褐色花纹，百粒重124.71g，单株产量为463.8g。

【利用价值】目前直接应用于生产，种植于荒地或房前屋后，主要由农户自行留种、自产自销，以食用嫩荚或籽粒为主。

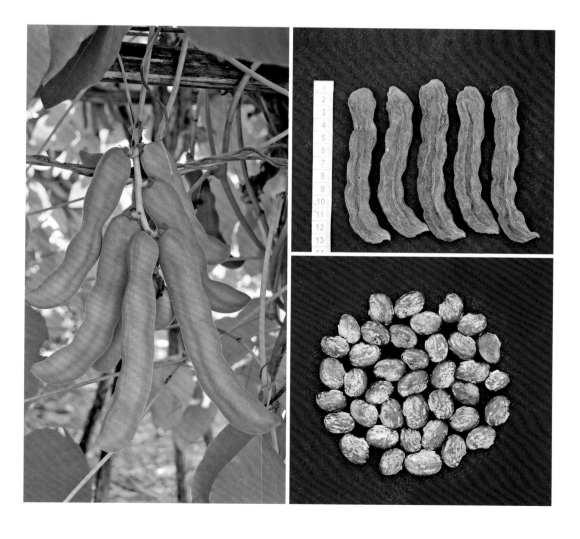

5. 狗儿豆

【采集地】广西梧州市岑溪市糯垌镇平炉村。

【类型及分布】属于豆科黎豆属黎豆种（*Mucuna pruriens* var. *utilis*），在平炉村及附近村镇零星种植。

【主要特征特性】在南宁7月初种植，生育期188天，植株攀缘性强，主茎绿色，叶脉、叶柄绿色，花紫色，株高827.6cm，主茎分枝数2.4个，主茎节数54.0个，单株荚数171.3个，每花序结荚数15.1个，单荚粒数4.8粒，荚长10.9cm、荚宽1.6cm，成熟豆荚黑色、镰刀形，豆荚茸毛较多，豆壳较韧、豆荚开裂性较差，籽粒椭圆形，种皮灰白底黑色斑点，百粒重96.87g，单株产量为562.4g。

【利用价值】目前直接应用于生产，种植于荒地或房前屋后，主要由农户自行留种、自产自销，以食用嫩荚或籽粒为主。

6. 云际猫豆

【采集地】广西柳州市融水苗族自治县融水镇云际村。

【类型及分布】属于豆科黎豆属黎豆种（*Mucuna pruriens* var. *utilis*），在云际村及附近村镇零星种植。

【主要特征特性】在南宁 7 月初种植，生育期 137 天，植株攀缘性强，主茎绿色，叶脉、叶柄绿色，花白色，株高 499.9cm，主茎分枝数 2.4 个，主茎节数 34.6 个，单株荚数 121.7 个，每花序结荚数 7.9 个，单荚粒数 4.7 粒，荚长 11.7cm、荚宽 1.4cm，成熟豆荚黑色、镰刀形，豆荚茸毛较多，豆壳较韧、豆荚开裂性较差，籽粒椭圆形，种皮灰白底黑色斑点，百粒重 117.08g，单株产量为 511.0g。

【利用价值】目前直接应用于生产，种植于荒地或房前屋后，主要由农户自行留种、自产自销，以食用嫩荚或籽粒为主。

7. 狗仔豆

【采集地】广西贺州市富川瑶族自治县葛坡镇合洞村。

【类型及分布】属于豆科黎豆属黎豆种（*Mucuna pruriens* var. *utilis*），在合洞村及附近村镇零星种植。

【主要特征特性】在南宁 7 月初种植，生育期 137 天，植株攀缘性强，主茎绿色，叶脉、叶柄绿色，花白色，株高 556.6cm，主茎分枝数 1.0 个，主茎节数 41.2 个，单株荚数 104.9 个，每花序结荚数 14.5 个，单荚粒数 5.1 粒，荚长 12.0cm，荚宽 1.6cm，成熟豆荚黑色、镰刀形，豆荚茸毛较多，豆壳较韧、豆荚开裂性较差，籽粒椭圆形，种皮褐色花纹，百粒重 112.33g，单株产量为 413.6g。

【利用价值】目前直接应用于生产，种植于荒地或房前屋后，主要由农户自行留种、自产自销，以食用嫩荚或籽粒为主。

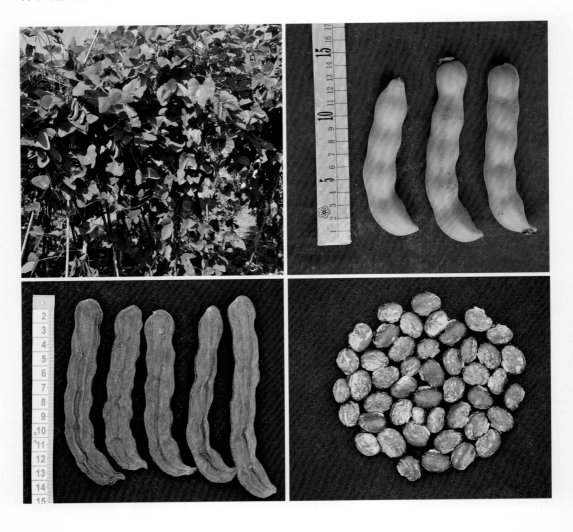

8．红花黎豆 1

【采集地】广西贺州市钟山县红花镇红花村。

【类型及分布】属于豆科黎豆属黎豆种（*Mucuna pruriens* var. *utilis*），在红花村及附近村镇零星种植。

【主要特征特性】在南宁 7 月初种植，生育期 249 天，植株攀缘性强，主茎绿色，叶脉、叶柄绿色，花白色，株高 386.0cm，主茎分枝数 1.0 个，主茎节数 28.6 个，单株荚数 84.4 个，每花序结荚数 10.7 个，单荚粒数 5.1 粒，荚长 14.0cm、荚宽 2.1cm，成熟豆荚黑色、镰刀形，豆荚茸毛较多，豆壳较韧、豆荚开裂性较差，籽粒椭圆形，种皮黑色，百粒重 128.04g，单株产量为 337.8g。

【利用价值】目前直接应用于生产，种植于荒地或房前屋后，主要由农户自行留种、自产自销，以食用嫩荚或籽粒为主。

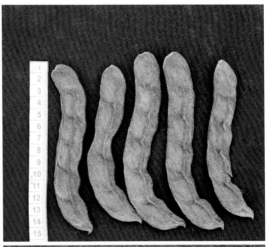

9. 红花黎豆 2

【采集地】广西贺州市钟山县红花镇红花村。

【类型及分布】属于豆科黎豆属黎豆种（*Mucuna pruriens* var. *utilis*），在红花村及附近村镇零星种植。

【主要特征特性】在南宁 7 月初种植，生育期 157 天，植株攀缘性强，主茎绿色，叶脉、叶柄绿色，花紫色，株高 532.0cm，主茎分枝数 2.2 个，主茎节数 38.3 个，单株荚数 136.9 个，每花序结荚数 9.2 个，单荚粒数 4.7 粒，荚长 9.9cm、荚宽 1.5cm，成熟豆荚黑色、镰刀形，豆荚茸毛较多，豆壳较韧、豆荚开裂性较差，籽粒椭圆形，种皮灰白底黑色斑点，百粒重 120.73g，单株产量为 539.9g。

【利用价值】目前直接应用于生产，种植于荒地或房前屋后，主要由农户自行留种、自产自销，以食用嫩荚或籽粒为主。

10. 汪乐黎豆

【采集地】广西防城港市上思县南屏瑶族乡汪乐村。

【类型及分布】属于豆科黎豆属黎豆种（*Mucuna pruriens* var. *utilis*），在汪乐村及附近村镇零星种植。

【主要特征特性】在南宁7月初种植，生育期219天，植株攀缘性强，主茎绿色，叶脉、叶柄绿色，花白色，株高502.5cm，主茎分枝数1.0个，主茎节数40.0个，单株荚数162.8个，每花序结荚数7.6个，单荚粒数5.3粒，荚长11.1cm、荚宽1.5cm，成熟豆荚黑色、镰刀形，豆荚茸毛较多，豆壳较韧、豆荚开裂性较差，籽粒椭圆形，种皮黑色，百粒重117.49g，单株产量为931.7g。

【利用价值】目前直接应用于生产，种植于荒地或房前屋后，主要由农户自行留种、自产自销，以食用嫩荚或籽粒为主。

11．加而黎豆

【采集地】广西河池市巴马瑶族自治县西山乡加而村。

【类型及分布】属于豆科黎豆属黎豆种（*Mucuna pruriens* var. *utilis*），在加而村及附近村镇零星种植。

【主要特征特性】在南宁 7 月初种植，生育期 247 天，植株攀缘性强，主茎绿色，叶脉、叶柄绿色，花白色，株高 638.3cm，主茎分枝数 1.7 个，主茎节数 40.5 个，单株荚数 68.8 个，每花序结荚数 10.1 个，单荚粒数 5.0 粒，荚长 9.9cm、荚宽 1.6cm，成熟豆荚黑色、镰刀形，豆荚茸毛较多，豆壳坚硬、豆荚开裂性较好，籽粒椭圆形，种皮灰白色，百粒重 84.58g，单株产量为 362.2g。

【利用价值】目前直接应用于生产，种植于荒地或房前屋后，主要由农户自行留种、自产自销，以食用嫩荚或籽粒为主。

12．四联黎豆

【采集地】广西南宁市隆安县南圩镇四联村。

【类型及分布】属于豆科黎豆属黎豆种（*Mucuna pruriens* var. *utilis*），在四联村及附近村镇零星种植。

【主要特征特性】在南宁 7 月初种植，生育期 247 天，植株攀缘性强，主茎绿色，叶脉、叶柄绿色，花紫色，株高 618.3cm，主茎分枝数 2.0 个，主茎节数 31.3 个，单株荚数 163.3 个，每花序结荚数 15.3 个，单荚粒数 4.8 粒，荚长 10.5cm、荚宽 1.6cm，成熟豆荚黑色、镰刀形，豆荚茸毛较多，豆壳坚硬、豆荚开裂性较好，籽粒椭圆形，种皮灰白色，百粒重 104.27g，单株产量为 574.1g。

【利用价值】目前直接应用于生产，种植于荒地或房前屋后，主要由农户自行留种、自产自销，以食用嫩荚或籽粒为主。

13．三皇黎豆

【采集地】广西桂林市永福县三皇镇三皇村。

【类型及分布】属于豆科黎豆属黎豆种（*Mucuna pruriens* var. *utilis*），在三皇村及附近村镇零星种植。

【主要特征特性】在南宁 7 月初种植，生育期 220 天，植株攀缘性强，主茎绿色，叶脉、叶柄绿色，花白色，株高 445.0cm，主茎分枝数 1.5 个，主茎节数 26.3 个，单株荚数 159.3 个，每花序结荚数 11.3 个，单荚粒数 4.8 粒，荚长 11.3cm、荚宽 1.8cm，成熟豆荚黑色、镰刀形，豆荚茸毛较多，豆壳较韧、豆荚开裂性较差，籽粒椭圆形，种皮褐色花纹，百粒重 127.80g，单株产量为 742.6g。

【利用价值】目前直接应用于生产，种植于荒地或房前屋后，主要由农户自行留种、自产自销，以食用嫩荚或籽粒为主。

14．加海黎豆

【采集地】广西来宾市忻城县城关镇加海村。

【类型及分布】属于豆科黎豆属黎豆种（*Mucuna pruriens* var. *utilis*），在加海村及附近村镇零星种植。

【主要特征特性】在南宁 7 月初种植，生育期 220 天，植株攀缘性强，主茎绿色，叶脉、叶柄绿色，花白色，株高 590.0cm，主茎分枝数 1.4 个，主茎节数 28.6 个，单株荚数 236.0 个，每花序结荚数 14.4 个，单荚粒数 5.0 粒，荚长 10.9cm、荚宽 1.8cm，成熟豆荚黑色、镰刀形，豆荚茸毛较多，豆壳坚硬、豆荚开裂性较好，籽粒椭圆形，种皮灰白色，百粒重 115.85g，单株产量为 750.4g。

【利用价值】目前直接应用于生产，种植于荒地或房前屋后，主要由农户自行留种、自产自销，以食用嫩荚或籽粒为主。

15．长江黎豆

【采集地】广西玉林市博白县江宁镇长江村。

【类型及分布】属于豆科黎豆属黎豆种（*Mucuna pruriens* var. *utilis*），在长江村及附近村镇零星种植。

【主要特征特性】在南宁 7 月初种植，生育期 188 天，植株攀缘性强，主茎绿色，叶脉、叶柄绿色，花紫色，株高 727.0cm，主茎分枝数 0.8 个，主茎节数 43.3 个，单株荚数 178.8 个，每花序结荚数 13.2 个，单荚粒数 4.2 粒，荚长 11.5cm、荚宽 1.6cm，成熟豆荚黑色、镰刀形，豆荚茸毛较多，豆壳较韧、豆荚开裂性较差，籽粒椭圆形，种皮黑色，百粒重 112.37g，单株产量为 544.5g。

【利用价值】目前直接应用于生产，种植于荒地或房前屋后，主要由农户自行留种、自产自销，以食用嫩荚或籽粒为主。

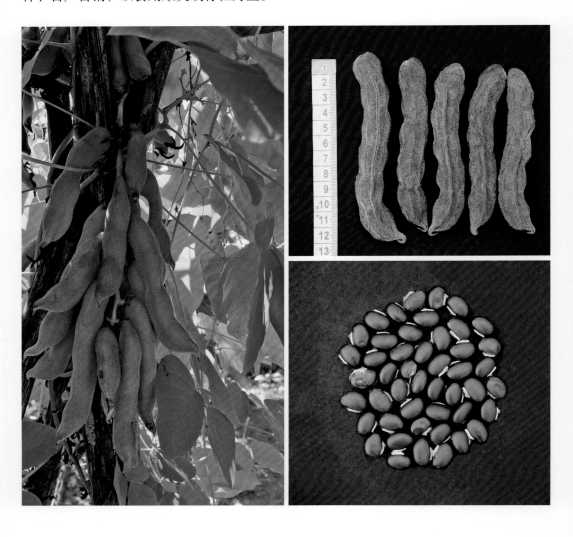

16．西隆黎豆

【采集地】广西河池市都安瑶族自治县三只羊乡西隆村。

【类型及分布】属于豆科黎豆属黎豆种（*Mucuna pruriens* var. *utilis*），在西隆村及附近村镇零星种植。

【主要特征特性】在南宁 7 月初种植，生育期 189 天，植株攀缘性强，主茎绿色，叶脉、叶柄绿色，花紫色，株高 386.7cm，主茎分枝数 1.5 个，主茎节数 26.3 个，单株荚数 139.1 个，每花序结荚数 11.2 个，单荚粒数 5.2 粒，荚长 12.2cm、荚宽 1.6cm，成熟豆荚黑色、镰刀形，豆荚茸毛较多，豆壳坚硬、豆荚开裂性较好，籽粒椭圆形，种皮灰白色，百粒重 102.70g，单株产量为 488.4g。

【利用价值】目前直接应用于生产，种植于荒地或房前屋后，主要由农户自行留种、自产自销，以食用嫩荚或籽粒为主。

17. 贺平黎豆

【采集地】广西玉林市北流市民乐镇贺平村。

【类型及分布】属于豆科黎豆属黎豆种（*Mucuna pruriens* var. *utilis*），在贺平村及附近村镇零星种植。

【主要特征特性】在南宁 7 月初种植，生育期 247 天，植株攀缘性强，主茎绿色，叶脉、叶柄绿色，花白色，株高 500.0cm，主茎分枝数 0.8 个，主茎节数 22.2 个，单株荚数 110.4 个，每花序结荚数 9.1 个，单荚粒数 5.2 粒，荚长 13.0cm、荚宽 1.9cm，成熟豆荚黑色、镰刀形，豆荚茸毛较多，豆壳较韧、豆荚开裂性较差，籽粒椭圆形，种皮黑色，百粒重 113.31g，单株产量为 461.3g。

【利用价值】目前直接应用于生产，种植于荒地或房前屋后，主要由农户自行留种、自产自销，以食用嫩荚或籽粒为主。

18. 拉仁黎豆

【采集地】广西河池市凤山县凤城镇拉仁村。

【类型及分布】属于豆科黎豆属黎豆种（*Mucuna pruriens* var. *utilis*），在拉仁村及附近村镇零星种植。

【主要特征特性】在南宁7月初种植，生育期220天，植株攀缘性强，主茎绿色，叶脉、叶柄绿色，花白色，株高629.2cm，主茎分枝数1.2个，主茎节数40.5个，单株荚数148.9个，每花序结荚数10.4个，单荚粒数4.7粒，荚长10.2cm、荚宽1.5cm，成熟豆荚黑色、镰刀形，豆荚茸毛较多，豆壳坚硬、豆荚开裂性较好，籽粒椭圆形，种皮灰白色，百粒重96.05g，单株产量为507.8g。

【利用价值】目前直接应用于生产，种植于荒地或房前屋后，主要由农户自行留种、自产自销，以食用嫩荚或籽粒为主。

19. 公平黎豆

【采集地】广西桂林市灵川县公平乡公平社区。

【类型及分布】属于豆科黎豆属黎豆种（*Mucuna pruriens* var. *utilis*），在公平社区及附近村镇零星种植。

【主要特征特性】在南宁 7 月初种植，生育期 220 天，植株攀缘性强，主茎绿色，叶脉、叶柄绿色，花紫色，株高 618.3cm，主茎分枝数 1.3 个，主茎节数 42.2 个，单株荚数 143.4 个，每花序结荚数 11.8 个，单荚粒数 5.1 粒，荚长 11.2cm，荚宽 1.8cm，成熟豆荚黑色、镰刀形，豆荚茸毛较多，豆壳坚硬、豆荚开裂性较好，籽粒椭圆形，种皮灰白色，百粒重 103.20g，单株产量为 538.3g。

【利用价值】目前直接应用于生产，种植于荒地或房前屋后，主要由农户自行留种、自产自销，以食用嫩荚或籽粒为主。

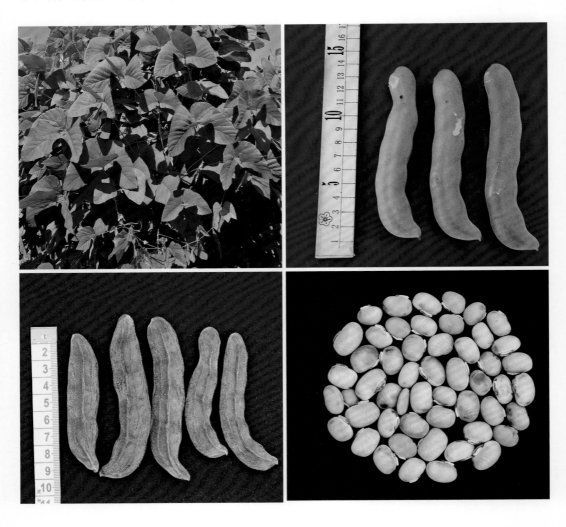

20．朔晚黎豆

【采集地】广西百色市田东县义圩镇朔晚村。

【类型及分布】属于豆科黎豆属黎豆种（*Mucuna pruriens* var. *utilis*），在朔晚村及附近村镇零星种植。

【主要特征特性】在南宁 7 月初种植，生育期 247 天，植株攀缘性强，主茎绿色，叶脉、叶柄绿色，花白色，株高 568.0cm，主茎分枝数 0.8 个，主茎节数 43.0 个，单株荚数 123.9 个，每花序结荚数 13.2 个，单荚粒数 4.6 粒，荚长 10.5cm、荚宽 1.6cm，成熟豆荚黑色、镰刀形，豆荚茸毛较多，豆壳坚硬、豆荚开裂性较好，籽粒椭圆形，种皮灰白色，百粒重 75.14g，单株产量为 317.8g。

【利用价值】目前直接应用于生产，种植于荒地或房前屋后，主要由农户自行留种、自产自销，以食用嫩荚或籽粒为主。

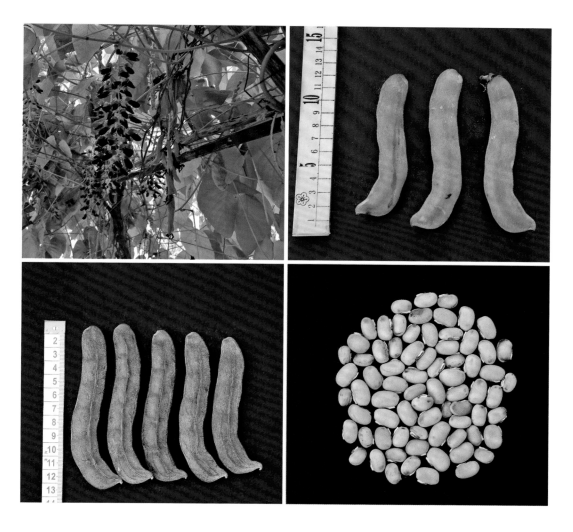

21．那布黎豆

【采集地】广西防城港市上思县叫安乡那布村。

【类型及分布】属于豆科黎豆属黎豆种（*Mucuna pruriens* var. *utilis*），在那布村及附近村镇零星种植。

【主要特征特性】在南宁 7 月初种植，生育期 247 天，植株攀缘性强，主茎绿色，叶脉、叶柄绿色，花白色，株高 505.0cm，主茎分枝数 2.0 个，主茎节数 32.5 个，单株荚数 192.3 个，每花序结荚数 10.0 个，单荚粒数 5.2 粒，荚长 13.4cm、荚宽 1.8cm，成熟豆荚黑色、镰刀形，豆荚茸毛较多，豆壳较韧、豆荚开裂性较差，籽粒椭圆形，种皮黑色，百粒重 122.79g，单株产量为 753.0g。

【利用价值】目前直接应用于生产，种植于荒地或房前屋后，主要由农户自行留种、自产自销，以食用嫩荚或籽粒为主。

22．狗豆

【采集地】广西玉林市容县容州镇厢西村。

【类型及分布】属于豆科黎豆属黎豆种（*Mucuna pruriens* var. *utilis*），在厢西村及附近村镇零星种植。

【主要特征特性】在南宁 7 月初种植，生育期 236 天，植株攀缘性强，主茎绿色，叶脉、叶柄绿色，花白色，株高 760.0cm，主茎分枝数 1.6 个，主茎节数 35.0 个，单株荚数 156.3 个，每花序结荚数 12.9 个，单荚粒数 5.2 粒，荚长 13.0cm、荚宽 1.8cm，成熟豆荚黑色、镰刀形，豆荚茸毛较多，豆壳较韧、豆荚开裂性较差，籽粒椭圆形，种皮黑色，百粒重 128.16g，单株产量为 793.3g。

【利用价值】目前直接应用于生产，种植于荒地或房前屋后，主要由农户自行留种、自产自销，以食用嫩荚或籽粒为主。

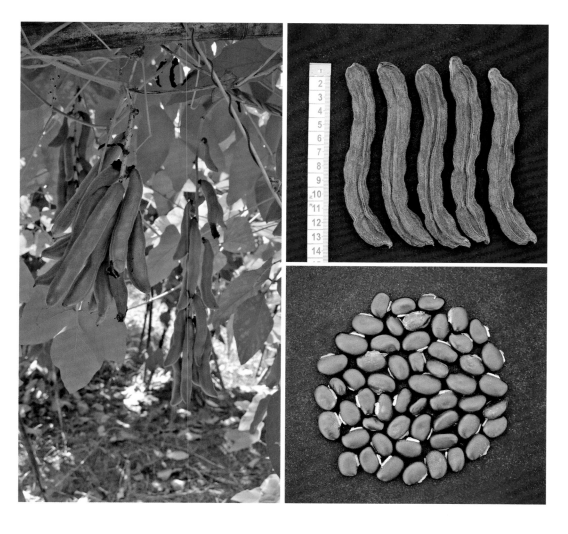

23．那驮黎豆

【采集地】广西钦州市灵山县太平镇那驮村。

【类型及分布】属于豆科黎豆属黎豆种（*Mucuna pruriens* var. *utilis*），在那驮村及附近村镇零星种植。

【主要特征特性】在南宁 7 月初种植，生育期 247 天，植株攀缘性强，主茎绿色，叶脉、叶柄绿色，花白色，株高 576.0cm，主茎分枝数 2.0 个，主茎节数 38.4 个，单株荚数 101.7 个，每花序结荚数 9.8 个，单荚粒数 5.0 粒，荚长 12.9cm，荚宽 1.8cm，成熟豆荚黑色、镰刀形，豆荚茸毛较多，豆壳坚硬、豆荚开裂性较好，籽粒椭圆形，种皮褐色花纹，百粒重 134.35g，单株产量为 394.0g。

【利用价值】目前直接应用于生产，种植于荒地或房前屋后，主要由农户自行留种、自产自销，以食用嫩荚或籽粒为主。

第十节　刀豆种质资源

刀豆属于豆科（Leguminosae）蝶形花亚科（Papilionoideae）刀豆属。刀豆属约有50种，一般认为其中有两个栽培种，即刀豆和直立刀豆，刀豆又称小刀豆、海刀豆，拉丁名 *Canavalia gladiata*，英文名 sword bean；直立刀豆又称洋刀豆，拉丁名 *Canavalia ensiformis*，英文名 jack bean。本次刀豆种质资源调查收集的样本数为19份，主要分布在桂林市的灵川县、龙胜各族自治县、恭城瑶族自治县、平乐县，柳州市的鹿寨县、柳城县，贺州市的钟山县、富川瑶族自治县等地，海拔分布为102～674m。分别于2017年、2018年在南宁市武鸣区广西农业科学院里建科研基地进行田间试验鉴定，参照相关的豆类种质资源描述规范和数据标准进行评价，主要调查了生长习性、生育期、株高、单株荚数、单荚粒数、荚色、荚长、粒形、粒色、百粒重等农艺性状。根据田间鉴定的特异性、优良性状筛选出优异种质资源。

本节介绍14份刀豆优异种质资源。在介绍刀豆种质资源的信息中，【主要特征特性】所列农艺性状数据均为2017年、2018年田间鉴定数据的平均值。

1. 交其刀豆

【采集地】广西桂林市龙胜各族自治县三门镇交其村。

【类型及分布】属于豆科刀豆属直立刀豆种（*Canavalia ensiformis*），在交其村及附近村镇零星种植。

【主要特征特性】在南宁6月底种植，生育期128天，直立型品种，花紫色，株高112cm，单株荚数6.0个，单荚粒数9.8粒，荚长27.0cm，9月下旬可采摘嫩荚，成熟豆荚黄色，籽粒白色、长椭圆形，百粒重165.62g。

【利用价值】目前直接应用于生产，种植于房前屋后或荒地，主要由农户自行留种、自产自销，以食用新鲜嫩荚为主。

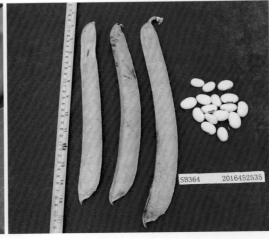

2. 龙岗刀豆

【采集地】广西桂林市恭城瑶族自治县西岭镇龙岗村。

【类型及分布】属于豆科刀豆属刀豆种（*Canavalia gladiata*），在龙岗村及附近村镇零星种植。

【主要特征特性】在南宁 6 月底种植，生育期 253 天，蔓生型品种，花紫色，单株荚数 4.6 个，单荚粒数 10.2 粒，荚长 28.5cm，10 月下旬可采摘嫩荚，成熟豆荚黄色，籽粒红色、长椭圆形，百粒重 241.41g。

【利用价值】目前直接应用于生产，种植于房前屋后或荒地，主要由农户自行留种、自产自销，以食用新鲜嫩荚为主。

3．城岭刀豆

【采集地】广西桂林市龙胜各族自治县江底乡城岭村。

【类型及分布】属于豆科刀豆属刀豆种（*Canavalia gladiata*），在城岭村及附近村镇零星种植。

【主要特征特性】在南宁6月底种植，生育期128天，蔓生型品种，花紫色，单株荚数8.9个，单荚粒数8.4粒，荚长29.4cm，9月下旬可采摘嫩荚，成熟豆荚黄色，籽粒浅红色、长椭圆形，百粒重267.01g。

【利用价值】目前直接应用于生产，种植于房前屋后或荒地，主要由农户自行留种、自产自销，以食用新鲜嫩荚为主。

4. 大岩峒刀豆

【采集地】广西柳州市柳城县古砦仫佬族乡大岩峒村。

【类型及分布】属于豆科刀豆属刀豆种（*Canavalia gladiata*），在大岩峒村及附近村镇零星种植。

【主要特征特性】在南宁6月底种植，生育期253天，蔓生型品种，花紫色，单株荚数9.1个，单荚粒数10.1粒，荚长28.5cm，11月初可采摘嫩荚，成熟豆荚黄色，籽粒红色、长椭圆形，百粒重301.30g。

【利用价值】目前直接应用于生产，种植于房前屋后或荒地，主要由农户自行留种、自产自销，以食用新鲜嫩荚为主。

5. 交通刀豆

【采集地】广西柳州市鹿寨县鹿寨镇交通村。

【类型及分布】属于豆科刀豆属刀豆种（*Canavalia gladiata*），在鹿寨镇交通村及附近村镇零星种植。

【主要特征特性】在南宁 6 月底种植，生育期 149 天，蔓生型品种，花紫色，单株荚数 7.7 个，单荚粒数 11.0 粒，荚长 29.5cm，10 月下旬可采摘嫩荚，成熟豆荚黄色，籽粒红色、长椭圆形，百粒重 308.33g。

【利用价值】目前直接应用于生产，种植于房前屋后或荒地，主要由农户自行留种、自产自销，以食用新鲜嫩荚为主。

6. 大板豆

【采集地】广西贺州市钟山县同古镇同古村。

【类型及分布】属于豆科刀豆属刀豆种（*Canavalia gladiata*），在同古村及附近村镇零星种植。

【主要特征特性】在南宁 6 月底种植，生育期 149 天，蔓生型品种，花紫色，单株荚数 8.5 个，单荚粒数 9.9 粒，荚长 28.2cm，10 月初可采摘嫩荚，成熟豆荚黄色，籽粒淡黄色、长椭圆形，百粒重 263.21g。

【利用价值】目前直接应用于生产，种植于房前屋后或荒地，主要由农户自行留种、自产自销，以食用新鲜嫩荚为主。

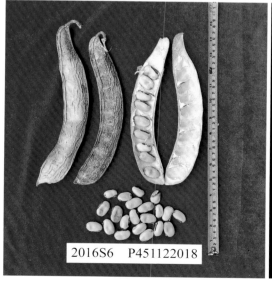

2016S6　P451122018

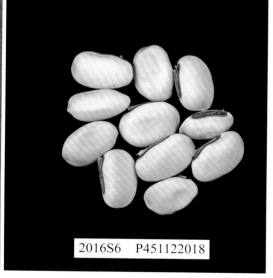

2016S6　P451122018

7. 东亭刀豆

【采集地】广西来宾市合山市北泗镇东亭村。

【类型及分布】属于豆科刀豆属刀豆种（*Canavalia gladiata*），在东亭村及附近村镇零星种植。

【主要特征特性】在南宁6月底种植，生育期274天，蔓生型品种，花紫色，单株荚数7.1个，单荚粒数9.8粒，荚长28.2cm，10月下旬可采摘嫩荚，成熟豆荚黄色，籽粒红色、长椭圆形，百粒重284.67g。

【利用价值】目前直接应用于生产，种植于房前屋后或荒地，主要由农户自行留种、自产自销，以食用新鲜嫩荚为主。

8．龙坪刀豆

【采集地】广西桂林市灵川县三街镇龙坪村。

【类型及分布】属于豆科刀豆属刀豆种（*Canavalia gladiata*），在龙坪村及附近村镇零星种植。

【主要特征特性】在南宁6月底种植，生育期149天，蔓生型品种，花紫色，单株荚数6.9个，单荚粒数9.2粒，荚长27.2cm，10月中旬可采摘嫩荚，成熟豆荚黄色，籽粒红色、长椭圆形，百粒重308.74g。

【利用价值】目前直接应用于生产，种植于房前屋后或荒地，主要由农户自行留种、自产自销，以食用新鲜嫩荚为主。

2015451042

2016S15 | 2015451042

9. 五福刀豆

【采集地】广西桂林市灵川县三街镇五福村。

【类型及分布】属于豆科刀豆属刀豆种（*Canavalia gladiata*），在五福村及附近村镇零星种植。

【主要特征特性】在南宁6月底种植，生育期198天，蔓生型品种，花紫色，单株荚数5.4个，单荚粒数9.6粒，荚长28.8cm，10月中旬可采摘嫩荚，成熟豆荚黄色，籽粒白色、长椭圆形，百粒重302.11g。

【利用价值】目前直接应用于生产，种植于房前屋后或荒地，主要由农户自行留种、自产自销，以食用新鲜嫩荚为主。

10．江宁刀豆

【采集地】广西玉林市博白县江宁镇江宁村。

【类型及分布】属于豆科刀豆属刀豆种（*Canavalia gladiata*），在江宁村及附近村镇零星种植。

【主要特征特性】在南宁 6 月底种植，生育期 253 天，蔓生型品种，花紫色，单株荚数 2.5 个，单荚粒数 10.3 粒，荚长 28.1cm，10 月下旬可采摘嫩荚，成熟豆荚黄色，籽粒红色、长椭圆形，百粒重 346.72g。

【利用价值】目前直接应用于生产，种植于房前屋后或荒地，主要由农户自行留种、自产自销，以食用新鲜嫩荚为主。

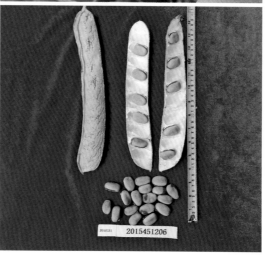

11．武陵大刀豆

【采集地】广西南宁市宾阳县武陵镇留寺村。

【类型及分布】属于豆科刀豆属刀豆种（*Canavalia gladiata*），在留寺村及附近村镇零星种植。

【主要特征特性】在南宁 6 月底种植，生育期 253 天，蔓生型品种，花粉红色，单株荚数 5.7 个，单荚粒数 9.7 粒，荚长 27.1cm，11 月中旬可采摘嫩荚，成熟豆荚黄色，籽粒红色、长椭圆形，百粒重 276.90g。

【利用价值】目前直接应用于生产，种植于房前屋后或荒地，主要由农户自行留种、自产自销，以食用新鲜嫩荚为主。

12. 永正刀豆

【采集地】广西桂林市灵川县灵田镇永正村。

【类型及分布】属于豆科刀豆属直立刀豆种（*Canavalia ensiformis*），在永正村及附近村镇零星种植。

【主要特征特性】在南宁6月底种植，生育期128天，直立型品种，花粉红色，单株荚数6.2个，单荚粒数10.1粒，荚长20.6cm，9月下旬可采摘嫩荚，成熟豆荚黄色，籽粒白色、长椭圆形，百粒重152.11g。

【利用价值】目前直接应用于生产，种植于房前屋后或荒地，主要由农户自行留种、自产自销，以食用新鲜嫩荚为主。

13．正义刀豆

【采集地】广西桂林市灵川县灵田镇正义村。

【类型及分布】属于豆科刀豆属直立刀豆种（*Canavalia ensiformis*），在正义村及附近村镇零星种植。

【主要特征特性】在南宁 6 月底种植，生育期 128 天，半蔓生型品种，花粉红色，单株荚数 7.0 个，单荚粒数 6.1 粒，荚长 17.3cm，9 月下旬可采摘嫩荚，成熟豆荚黄色，籽粒白色、长椭圆形，百粒重 258.03g。

【利用价值】目前直接应用于生产，种植于房前屋后或荒地，主要由农户自行留种、自产自销，以食用新鲜嫩荚为主。

14．花侯刀豆

【采集地】广西来宾市象州县妙皇乡花侯村。

【类型及分布】属于豆科刀豆属刀豆种（*Canavalia gladiata*），在花侯村及附近村镇零星种植。

【主要特征特性】在南宁 6 月底种植，生育期 253 天，蔓生型品种，花粉红色，单株荚数 4.9 个，单荚粒数 9.2 粒，荚长 28.4cm，10 月下旬可采摘嫩荚，成熟豆荚黄色，籽粒红色、长椭圆形，百粒重 257.71g。

【利用价值】目前直接应用于生产，种植于房前屋后或荒地，主要由农户自行留种、自产自销，以食用新鲜嫩荚为主。

2016S63 ｜ P451322044

参 考 文 献

程须珍, 王素华, 王丽侠, 等. 2006a. 绿豆种质资源描述规范和数据标准. 北京: 中国农业出版社: 9-28.

程须珍, 王素华, 王丽侠, 等. 2006b. 饭豆种质资源描述规范和数据标准. 北京: 中国农业出版社: 9-27.

程须珍, 王素华, 王丽侠, 等. 2006c. 小豆种质资源描述规范和数据标准. 北京: 中国农业出版社: 9-28.

甘海燕, 陈德威, 王辉武, 等. 2015. 广西主要小杂粮生产情况调查分析. 广西农学报, 30(6): 41-46.

林妙正. 1987. 广西食用豆类及荞麦品种资源征集考察简报. 广西农业科学, 1: 6.

覃初贤, 陆平, 王一平. 1996. 桂西山区食用豆类种质资源考察. 广西农业科学, 1: 26-28.

王佩芝, 李锡香, 等. 2005. 豇豆种质资源描述规范和数据标准. 北京: 中国农业出版社: 8-24.

王述民, 张亚芝, 魏淑红, 等. 2006. 普通菜豆种质资源描述规范和数据标准. 北京: 中国农业出版社: 9-28.

郑卓杰. 1997. 中国食用豆类学. 北京: 中国农业出版社: 345-351.

宗绪晓, 包世英, 关建平, 等. 2006. 蚕豆种质资源描述规范和数据标准. 北京: 中国农业出版社: 9-28.

宗绪晓, 王志刚, 关建平, 等. 2005. 豌豆种质资源描述规范和数据标准. 北京: 中国农业出版社: 9-28.

索　引